权威·前沿·原创

皮书系列为
"十二五""十三五"国家重点图书出版规划项目

环境管理蓝皮书

BLUE BOOK OF
ENVIRONMENTAL MANAGEMENT

中国环境管理发展报告
（2018）

ANNUAL REPORT ON DEVELOPMENT OF ENVIRONMENTAL
MANAGEMENT IN CHINA (2018)

中国管理科学学会环境管理专业委员会
主　编／李金惠

社会科学文献出版社
SOCIAL SCIENCES ACADEMIC PRESS（CHINA）

图书在版编目（CIP）数据

中国环境管理发展报告. 2018 / 李金惠主编. —— 北
京：社会科学文献出版社，2018.12
　（环境管理蓝皮书）
　ISBN 978 - 7 - 5097 - 9140 - 0

Ⅰ. ①中… Ⅱ. ①李… Ⅲ. ①环境管理 - 研究报告 -
中国 - 2018 Ⅳ. ①X321. 2

中国版本图书馆 CIP 数据核字（2018）第 286385 号

环境管理蓝皮书
中国环境管理发展报告（2018）

主　　编／李金惠

出 版 人／谢寿光
项目统筹／祝得彬
责任编辑／张苏琴　张　萍

出　　版／社会科学文献出版社·当代世界出版分社（010）59367004
　　　　　　地址：北京市北三环中路甲29号院华龙大厦　邮编：100029
　　　　　　网址：www. ssap. com. cn
发　　行／市场营销中心（010）59367081　59367083
印　　装／三河市龙林印务有限公司

规　　格／开　本：787mm × 1092mm　1/16
　　　　　　印　张：18.75　字　数：279 千字
版　　次／2018 年 12 月第 1 版　2018 年 12 月第 1 次印刷
书　　号／ISBN 978 - 7 - 5097 - 9140 - 0
定　　价／98.00 元

皮书序列号／PSN B - 2017 - 678 - 1/1

本书如有印装质量问题，请与读者服务中心（010 - 59367028）联系

主要编撰者简介

李金惠　男，清华大学环境学院教授、中国管理科学学会环境管理专业委员会主任、巴塞尔公约亚太区域中心执行主任，主要研究方向为循环经济、国际环境治理、化学品和废物管理与政策。

特别鸣谢

感谢中国管理科学学会、清华大学环境学院、鑫联环保科技股份有限公司和上海兴冬环保科技有限公司，你们的大力支持使《中国环境管理发展报告（2018）》得以顺利出版！

感谢中国管理科学学会环境管理专业委员会领导集体及各位评审专家的支持！

摘　要

《中国环境管理发展报告（2018）》由中国管理科学学会环境管理专业委员会主持编纂，是定位于环境管理的权威研究报告。本报告结合我国生态文明建设需求，在加强生态环境保护、打好污染防治攻坚战的政策背景下，立足中国环境管理问题与实践，致力于分享先进环境管理理念与经验，为中国企业开展环境管理提供范例。

全书主要包括总报告、污染治理篇、循环利用篇、产业链管理篇、创新探索篇和热点趋势篇六个部分。

第一部分是总报告，回顾了 2017～2018 年我国环境管理政策形势，重点剖析了我国的经济环境、社会环境、技术环境及企业开展环境保护实践的政策背景与市场前景。

第二部分是污染治理篇，围绕报废汽车回收、铬渣无害化处理、建筑垃圾管理和赤泥处置及综合利用等，根据实践处置案例，分析环境管理过程中存在的问题与对策。

第三部分是循环利用篇，从现行废物尤其是危险废物的循环利用技术应用实践入手，解读我国循环利用技术研究进展，探究我国资源综合利用的新出路。

第四部分是产业链管理篇，通过解读危险废物产业链、资源回收产业链、废弃电器电子产品产业链管理理念与方式等，探索我国环境管理产业体系构建。

第五部分是创新探索篇，围绕废物处理技术革新与环保装备制造业服务化转变等，探索我国废物处置新型商业模式。

第六部分是热点趋势篇，关注"两山"理论、两网融合、效益共享、智慧环保、城市生活垃圾分类等当下热点议题及最新的环境治理理念和模式，探讨我国环境管理新趋势。

目　录

Ⅶ　附录

皮书数据库阅读**使用指南**

总 报 告

General Report

B.1
中国环境管理产业发展报告

李金惠 张 姣*

摘 要: 近年来，我国积极推进生态环境保护，提出坚决打好污染防治攻坚战，并从财政、税收、绿色金融等方面为环保产业的发展创造了良好的经济环境。在此背景下，我国环保产业市场保持高速发展，并在科技创新、第三方治理、政府和社会资本合作、再生资源/生活垃圾回收模式创新等方面取得了突破性进展。

关键词: 环境管理 政策形势 产业 创新

---

* 李金惠，博士，清华大学环境学院教授，中国管理科学学会环境管理专业委员会主任，巴塞尔公约亚太区域中心执行主任，主要研究方向为循环经济、国际环境治理、化学品和废物管理与政策；张姣，硕士，工程师，清华大学环境学院科研助理，主要研究方向为废物管理技术与政策、全球环境治理。

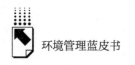

一 我国环境管理政策形势

（一）坚决打好污染防治攻坚战

党的十九大报告明确指出，从 2017 年到 2020 年是全面建成小康社会的决胜期，特别要"坚决打好防范化解重大风险、精准脱贫、污染防治的攻坚战，使全面建成小康社会得到人民认可、经得起历史检验"。2018 年 6 月，《中共中央 国务院关于全面加强生态环境保护 坚决打好污染防治攻坚战的意见》（简称《意见》）发布，明确了到 2020 年的具体污染物排放指标（见表 1）。《意见》也部署了在 2020 年前要开展的在大气、水、土壤、生态保护等领域的重点工作，值得相关工业企业（包括环保企业）关注。例如，要坚决打赢蓝天保卫战，包括加强工业企业大气污染治理、推进散煤治理和煤炭消费减量替代及柴油货车污染治理、强化国土绿化和扬尘管控等；着力打好碧水保卫战，包括水源地保护、城市黑臭水体治理、长江保护修复、渤海综合治理等；扎实推进净土保卫战，包括强化土壤污染管控和修复、加快推进垃圾分类处理、强化固体废物污染防治；加快生态保护与修复，包括划定并严守生态保护红线、坚决查处生态破坏行为、建立以国家公园为主体的自然保护地体系等。

表 1　污染防治攻坚战 2020 年具体污染物排放指标

序号	领域	指标	目标
1	大气	细颗粒物（PM2.5）未达标浓度（地级及以上城市）	比 2015 年下降 18%
2		空气质量优良天数比率（地级及以上城市）	>80%
3		二氧化硫排放量	比 2015 年下降 15%
4		氮氧化物排放量	比 2015 年下降 15%
5	水	地表水 I～III 类水体比例	>70%
6		地表水劣 V 类水体比例	<5%
7		近岸海域水质优良（一、二类）比例	70% 左右
8		化学需氧量	比 2015 年减少 10%
9		氨氮排放量	比 2015 年减少 10%

续表

序号	领域	指标	目标
10	土壤	受污染耕地安全利用率	90% 左右
11		污染地块安全利用率	>90%
12	生态	生态保护红线面积占比	25% 左右
13		森林覆盖率	>23.04%

（二）深入开展环境检查专项行动

为助力打好污染防治攻坚战，生态环境部开展了城市黑臭水体治理、打击固体废物及危险废物非法转移和倾倒、垃圾焚烧发电行业达标排放、"绿盾"自然保护区监督检查等专项活动，其对规范企业行为、提升生态环境质量具有重要意义。

2018 年 5 月 9～15 日，生态环境部开展了打击固体废弃物违法行为的"清废行动 2018"，对长江经济带包括上海、江苏、浙江在内的 11 个省市的 2796 个固体废物堆存点进行了现场核查，共发现问题 1308 个，主要涉及建筑垃圾（339 个）、一般工业固废（253 个）、生活垃圾（164 个）等的随意倾倒或堆放。① 例如，仪征市中国石化仪征化纤有限责任公司芳纶实验车间内存放有约 200 桶聚合废渣，重约 6 吨，属危险废物，未按照国家环保法律法规要求存放；2017 年 5 月，浙江某印染厂将污泥倾倒于镇江智海农业生态园内，约 100 吨固体废物已埋于地下。

2018 年 5～6 月，生态环境部联合住房和城乡建设部对 36 城市开展了城市黑臭水体整治专项行动，在已上报国家完成整治的 993 个黑臭水体中，发现实际有 75 个未完成整改；另发现未上报黑臭水体 274 个。②

2017 年 7～12 月，环境保护部、国土资源部、水利部、农业部、国家

---

① 《生态环境部公布"清废行动 2018"问题清单》，http：//www.mee.gov.cn/gkml/sthjbgw/qt/201805/t20180517_440605.htm，2018－11－09。

② 《住房和城乡建设部 生态环境部 全国城市黑臭水体整治信息发布》，http：//www.hcstzz.com/，2018－11－10。

林业局、中科院、海洋局联合开展了"绿盾 2017"自然保护区监督检查专项活动，重点查处 446 家国家级自然保护区内的采矿、采石和工矿企业，以及核心区、缓冲区内旅游与水电开发等对生态环境影响较大的问题，共计查处 2 万余个涉及自然保护区的问题线索，关停取缔企业 2460 家。"绿盾2018"专项活动于 2018 年 3 月上旬启动，对国家和省级以及长江流域的自然保护地进行遥感，监测违法违规开发建设活动。

垃圾焚烧发电行业达标排放是近年来国家关注的重点。为提高垃圾焚烧发电行业的管理水平，实现排放达标，国家自 2017 年对垃圾焚烧企业提出了"装、树、联"的要求："装"指依法安装自动监控设备，对关键污染物指标和炉膛温度进行实时监控；"树"指在厂区门口等显著位置树立显示屏，公开实时监控数据；"联"指的是企业与环保部门联网，传送实时监控数据。该措施将促进企业接受公众和政府的监督监管，倒逼企业进行绿色转型。2018 年 3 月 26 日，生态环境部召开第一次部常务会议，审议并原则通过了《垃圾焚烧发电行业达标排放专项整治行动方案》。

二 生态环境保护产业经济环境

（一）财政支持

近年来，国家加大了对节能环保领域的财政支持力度。国家一般公共预算中节能环保支出整体呈上升趋势，从 2014 年的 3816 亿元（人民币，下同）上升到 2017 年的 5672 亿元。节能环保支出在一般公共预算中的占比变化不大，保持在 2.51% 至 2.79% 的范围内（见图 1）。根据《关于 2017 年中央和地方预算执行情况与 2018 年中央和地方预算草案的报告》[①]，2017 年全国一般公共预算节能环保支出重点支持领域包括大气、水、土壤等的污染

---

① 《关于 2017 年中央和地方预算执行情况与 2018 年中央和地方预算草案的报告》，http：//www. mof. gov. cn/zhengwuxinxi/caizhengshuju/201803/t20180323_ 2847996. htm。

防治、重点生态功能区转移支付、山水林田湖草生态保护和修复、湿地保护、畜禽粪污资源化、循环经济和清洁生产、排污权有偿使用和交易等。2018年将继续支持打好污染防治攻坚战，重点领域包括大气、水、土壤三项污染防治，农村环境综合整治，以及国家公园、山水林田湖、草原生态保护、生态补偿机制研究等。财政支持为相关领域的企业和机构提供了资金方面的保障。

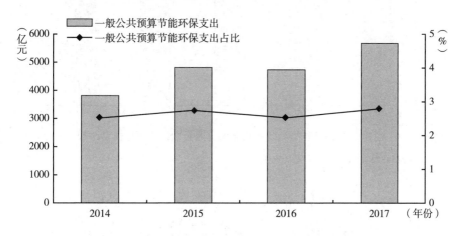

图1　2014～2017年一般公共预算节能环保支出情况

资料来源：根据财政部数据及《国家统计年鉴》数据整理。

（二）绿色金融

2016年国家出台《关于构建绿色金融体系的指导意见》（简称《指导意见》），旨在引导社会资本更多地流入绿色产业，而非污染型行业。《指导意见》提出，将大力发展绿色信贷，包括构建政策体系、建立银行绿色评价机制、绿色信贷资产证券化等；推动证券市场支持绿色投资，包括完善各项制度、采取措施降低融资成本、探索第三方评估等强制性环境信息披露制度等；设立绿色发展基金，包括市场化运作、引入PPP模式等；发展绿色保险，包括在高风险领域建立环境污染强制责任保险制度、创新绿色保险产品和服务等；完善环境权益交易市场，如完善碳金融产品，推动排污权、用能权等环境权益交易市场等。可以说，《指导意见》为未来绿色金融的发展指明了方向。

2013～2017年21家主要银行业金融机构绿色信贷余额见图2，节能环保及服务贷款组成见图3。

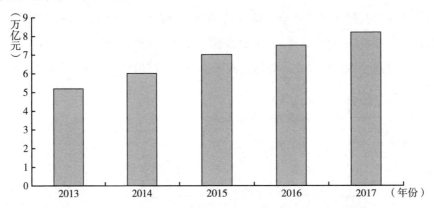

图2 2013～2017年21家主要银行业金融机构绿色信贷余额

资料来源：《中国银行业社会责任报告》。

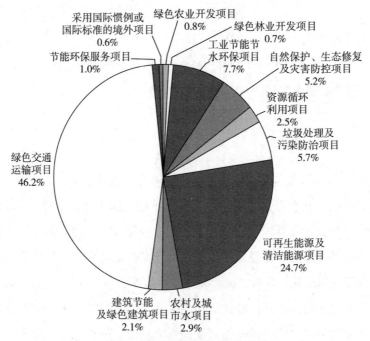

图3 节能环保及服务贷款组成

资料来源：《21家国内主要银行绿色信贷统计数据汇总表》，http：//www. cbrc. gov. cn/chinese/files/2018/8FF0740BF974482CB442F31711B3ED03. pdf。

《中国银行业社会责任报告》数据显示，2013 年 12 月底到 2017 年 6 月底，我国 21 家主要银行业金融机构绿色贷款余额从 5.2 万亿元增加到 8.2 万亿元，整体呈上升趋势。节能环保及服务贷款组成中，占比最高的前三项分别为绿色交通运输项目（46.2%）、可再生能源及清洁能源项目（24.7%）、工业节能节水环保项目（7.7%），合计占 78.6%。

（三）税收支持

近年来，国家进一步完善税收政策。例如，财政部印发《节能节水和环境保护专用设备企业所得税优惠目录》（2017 年版）（简称《目录》），列入《目录》的专用设备可按照设备投资额的 10% 享受企业所得税抵免。其中，环境保护专用设备涵盖水、大气、土壤污染防治，固体废物处置，环境监测，噪声与振动控制等五大类 24 种设备，将引导更多企业购置相关专用设备，从而促进相关环境保护企业的技术研发和市场发展。根据《关于节能新能源车船享受车船税优惠政策的通知》，购买节能汽车，减半缴纳车船税；购买新能源车船，免缴车船税。

三 生态环保产业市场发展

（一）国内投资规模

2012～2016 年，全国环境污染治理投资波动上升，从 2012 年的 8253.6 亿元上升至 2016 年的 9219.8 亿元；环境污染治理投资占国内生产总值的比重则呈下降趋势，从 2012 年的 1.52% 下降至 2016 年的 1.24%（见图 4）。

工业污染治理投资从 2012 年的约 500 万元增加到 2014 年的约 1000 万元，后降至 2016 年的 820 万元。其中，废气治理领域的投资占比最高（50%～80%），其次是废水治理（10%～30%）、固体废物治理（1%～6%）（见图 5）。

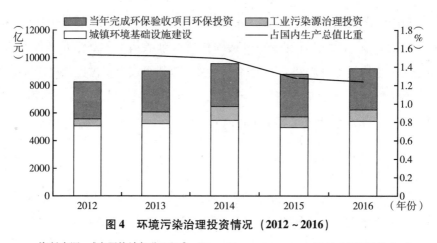

图4 环境污染治理投资情况（2012～2016）

资料来源：《中国统计年鉴2017》，http：//www. stats. gov. cn/tjsj/ndsj/2017/indexch. htm。

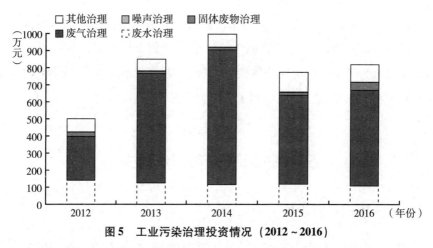

图5 工业污染治理投资情况（2012～2016）

资料来源：《中国统计年鉴2017》，http：//www. stats. gov. cn/tjsj/ndsj/2017/indexch. htm。

（二）环保企业"走出去"情况[①]

2015年3月，我国发布《推动共建丝绸之路经济带和21世纪海上

---

① 《E20研究院发布中国环保企业"一带一路"战略版图》，http：//www. h2o – china. com/ news/view？ id＝264578&page＝1。

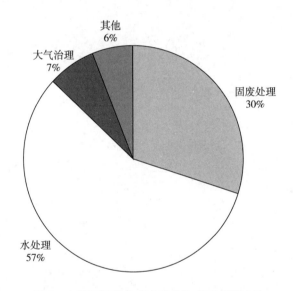

丝绸之路的愿景与行动》，提出"要在投资贸易中突出生态文明理念，加强生态环境、生物多样性和应对气候变化合作，共建绿色丝绸之路"，要拓展环保产业等领域的合作，为中国环境企业"走出去"提供了良好的政策环境。

E20 研究院的数据显示，截至 2017 年 10 月，我国 44 个环保企业在全球 54 个国家开展业务，共计签订 149 份合同订单。目前的订单业务类别中，水处理领域占比最高（57%），其次为固废处理（30%），大气治理（7%），土壤、噪声等其他类别占 6%（见图 6）。

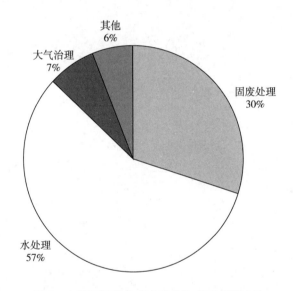

图 6　中国环保企业"走出去"业务领域占比

我国环保企业"走出去"的方式整体包括三类：设备提供，工程服务，通过 PPP、并购等方式进行投资、运营等综合服务。三者的占比区别不大（见图 7）。

我国环保企业已在 28 个"一带一路"沿线国家开展业务，仍有 37 个国家有待开展（见图 8），环保企业"走出去"有较大的市场潜力。

近年来，我国在水利/环境和公共设施管理领域的对外投资存量有一定的波动，从 2009 年的约 10 亿美元增至 2017 年的 23.9 亿美元（见图 9），占中国对外直接投资存量（18090.4 亿美元）的约 0.1%①，约为 2016 年我国国内环保产业投资额（9219.8 亿元）的 1.8%。

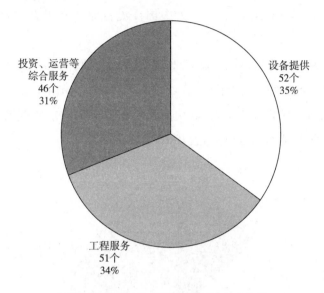

图 7　我国环保企业"走出去"方式分析

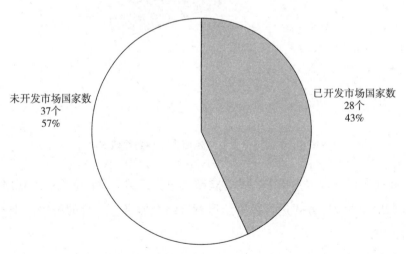

图 8　"一带一路"沿线国家开发情况

---

①　《2017 年度中国对外直接投资统计公报》。

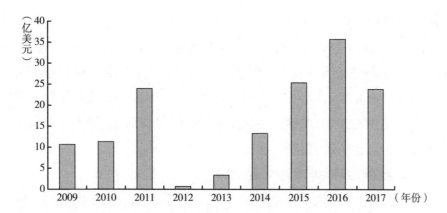

图9 2009～2017年我国在水利/环境和公共设施管理领域对外投资存量

四 生态环保行业创新发展

（一）科技创新

2017年，科技部联合其他四个部委发布的《"十三五"环境领域科技创新专项规划》，明确了我国"十三五"期间环境领域的重点任务，主要包括大气污染防治、水污染防治、土壤污染防治、生态修复与安全调控、废物控制与循环利用、化学品控制与环境健康保障、全球环境变化应对与国际履约、核与辐射安全监管、环境基准与标准支撑、区域生态环境综合治理、创新基地建设与人才培养以及国际合作网络构建等领域。2017年，党的十九大报告提出，"构建市场导向的绿色技术创新体系"，推动绿色发展。

近年来，各环保企业积极开展先进技术研发工作，促进我国环保产业科技水平提升。以2017年环境保护科学技术奖获奖项目为例，创新技术涵盖环境保护技术的各个领域，其中，水领域包括再生水水质保障技术、工业区污水治理、农业源污染水环境控制技术、AAO污水处理节能降耗等，大气领域包括燃煤颗粒物污染治理、钢铁窑炉颗粒物超低排放、车用柴油机大气污染物控制、大型电厂PM2.5控制技术等，固体废物管理领域包括危险废

物全过程管理技术、垃圾渗滤液高效低耗处理及全过程监控、生活垃圾焚烧控制技术、医疗废物处理处置 BAT/BEP 技术研发等。此外，还包括化工园区清洁生产与循环经济集成技术、节能减排智能化数据系统等方面的技术研发。

下面以中国光大国际有限公司（简称"光大国际"）、中钢集团天澄环保科技股份有限公司（简称"中钢天澄"）等企业为例展示近年来我国生态环保企业在技术方面的创新。

1. 光大国际生活垃圾焚烧控制技术开发

针对我国生活垃圾水分含量高、产生量大等特点，光大国际通过设计新型炉排结构和炉膛、应用新型处理技术等手段，开发了适应我国生活垃圾特点的系列产品。其设计的新型焚烧炉，处理能力达到 250 吨/天～850 吨/天，解决了大型化的问题；具有较高的发电效率，与国内外同类型产品相比，吨垃圾发电量平均高出 10%～15%；通过技术手段，大幅提升垃圾焚烧炉的循环热效率、延长清焦周期，有效降低了各类大气污染物的产生量（见表2），且具有明显的价格优势——价格为进口产品的1/3 左右。

表2　光大国际生活垃圾焚烧关键技术开发案例

序号	开发技术	技术先进性
1	开发 250 吨/天～850 吨/天焚烧炉	突破焚烧炉排大型化的难点
2	设计炉排结构及新型炉膛	①焚烧效率高 ②与国内外同类型产品相比，吨垃圾发电量高出 10%～15%
3	率先应用高参数－中间再热－高转速汽机组合技术	对比中温中压 21.8% 的循环热效率，该技术将循环热效率提升至30.4%
4	开发结焦"自清洁"炉膛	清焦周期延长 4 倍
5	优化燃烧工况，分级燃烧、烟气再循环技术	有效降低一氧化碳、氮氧化物及二噁英等的产生量

2. 中钢天澄钢铁窑炉烟尘超低排放关键技术开发

针对钢铁窑炉产生的细颗粒物，中钢天澄通过开发强化预荷电技术、新型过滤材料、预荷电袋滤器等，成功实现了（鞍钢烟气净化）示范工程运行过程中超低排放和节能。其中，颗粒物排放浓度小于$10mg/m^3$，PM2.5捕集效率大于99%，运行能耗降低40%。该技术得到了炼钢行业的广泛关注并获得了市场的认可。如日照钢铁与其签订了约1.2亿元的合同，采用该技术净化炼钢二次烟气。

表3　中钢天澄钢铁窑炉烟尘超低排放关键技术开发案例

序号	开发技术/装置	技术先进性
1	粉尘预荷电袋滤器	可高效捕集细颗粒物，使PM2.5排放浓度从目前的$30mg/m^3 \sim 50mg/m^3$降低到$10mg/m^3$以下，实现超低排放
2	"海岛纤维"超细面层过滤材料	PM2.5捕集率达到99.3%
3	复合式预荷电袋滤器	降低设备的运行阻力，节能达30%～40%
4	PM2.5测试技术与装置	突破工业管道现场测试难题

（二）第三方治理模式创新

2017年，环境保护部出台了《环境保护部关于推进环境污染第三方治理的实施意见》，明确生态环境的污染者承担环境污染治理的主体责任，并规定第三方治理单位或机构依据双方的合同，承担相应的污染治理责任，治理过程中不得弄虚作假、引致环境污染等，否则将承担相应责任。同时，政策指出提高信息公开程度，如政府公布运营服务水平低下的企业名单等。该实施意见还指出了探索第三方治理的创新机制和模式，如第三方治理单位提供包括治理污水、固体废物在内的环境综合服务，摸索环境绩效合同的服务模式等。此外，还将积极探索环境污染强制险的建立、绿色金融的创新等，以加强对第三方治理的政策引导和支持。

部分污染型企业积极开展第三方治理工作，在管理模式上进行了一定创新。如2017年国家发展和改革委员会办公厅通过开展案例征集、评估工作，形成并公布了《环境污染第三方治理典型案例（第一批）》，将为其他企业开展第三治理提供一定参考和借鉴作用。相关企业的管理创新点主要包括以下几个方面。①镶嵌式治理模式：通过对原有处理厂进行技术及工艺的改造

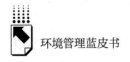

升级，提升运营效果。一方面，第三方处理企业资金投入少；另一方面，相较于企业运营，专业化第三方运营费用更低。②差异化的收费机制：根据重点污染物浓度，制定了差异化的收费机制，可实现产物企业和第三方治理运营企业的双赢。③"产业协同"的建设模式：充分利用周围的产业资源，使在一定数量的企业内，任一企业的废物可被其他企业作为原料或者能源进行利用，从而降低整体污染物的排放量。④融资租赁：通过融资租赁的方式完成设备或工程建设，增强企业管理的灵活性。⑤强化监管：第三方企业及地方环保部门开展处理情况监督，提升管理效果。具体见表4。

表4 第三方治理模式创新案例

序号	环境治理责任主体	第三方治理企业	管理领域	管理创新点
1	中煤旭阳焦化	河北协同环保	厂内污水	①镶嵌式治理模式 对原有污水处理站进行改造，并优化调节原处理工艺。优势：资金投入少，相较企业运营，专业化第三方运营费用更低 ②收费机制 依据重点污染物浓度，制定了差异化的收费机制，实现了产物企业和第三方治理运营企业的双赢
2	衡水工业新区	衡水凯天	环境污染综合治理	①整体打包模式 第三方治理运营企业从源头开展涵盖废水、污泥处理，废气治理等的整体规划工作，以保障综合治理效果 ②收费机制 制定了差异化的收费方式，依据绩效考核结果支付费用
3	苏州工业园区	苏州工业园区中法环境技术有限公司	污泥处置	"产业协同、循环利用"的建设模式 布局上，污泥厂布置在热电厂内，且紧邻污水处理厂，从而实现了用热电厂余热对污水厂污泥进行干化、产生的干化污泥用于焚烧发电等内部闭路循环

续表

序号	环境治理责任主体	第三方治理企业	管理领域	管理创新点
4	无锡芦村	无锡中科圆通环保公司	污水处理	①镶嵌式治理模式 改进处理工艺、提升处置后的污泥质量,满足土地利用要求 ②自有资金＋融资租赁模式 自建部分的设施和设备采用了融资租赁的模式,方式更为灵活,解决了企业的资金和设备问题
5	安徽华茂国际纺织工业城	安徽宜源环保	污水处理	①"四同步"模式 治理项目与园区主体工程同时规划、设计、建设及运营 ②"政府＋第三方"企业监管 第三方检测公司对污水处理进行定期检测,地方环保局开展不定期抽查
6	大连毛茔子垃圾填埋场	大连广泰源环保科技	填埋渗滤液管理	"政府－企业－银行"三方合作模式 以政府购买方式引入第三方处理企业并实行监管,企业得到银行授信支持

（三）政府和社会资本合作（PPP）[①]

2017 年 7 月 1 日,财政部等四部委联合颁布了《关于政府参与的污水、垃圾处理项目全面实施 PPP 模式的通知》,对包括收集、运输、处理处置等在内的各环节进行系统整合,实施绩效考核和按效付费,以提升相关类型公共服务质量,并提出有序推进存量项目转型为 PPP 项目。

为推进政府和社会资本合作工作,并发挥先进项目的示范作用,国家开展了政府和社会资本合作示范项目申报筛选工作,到 2018 年 11 月,已形成四批 PPP 示范项目名单。项目名单包括能源、生态建设和环境保护、市政工程等共计 18 个一级行业,污水处理和垃圾处理为市政工程下的二级行业。示范项目的数量从第一批的 30 个增加到第三批的 516 个,PPP 示范项目的影响力逐步扩大;第四批数量降至 396 个,体现了国家对项目高质量和规范性的关注（见图 10）。

---

① 财政部政府和社会资本合作中心网站,http://www.cpppc.org/zh/index.jhtml。

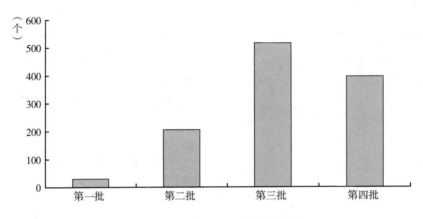

图10 四批中央 PPP 示范项目数量

在中央 PPP 示范项目清单中，生态环保类项目占较高的比例。例如，在第三批示范项目清单中，污水和垃圾处理项目数量为 71 个，其他生态建设和环境保护类数量为 46 个，数量占比分别为 13.8% 和 8.9%。在第四批示范清单中，相应的项目数量为 57 个和 37 个，分别占 14.4% 和 9.3%（见图 11 和图 12）。

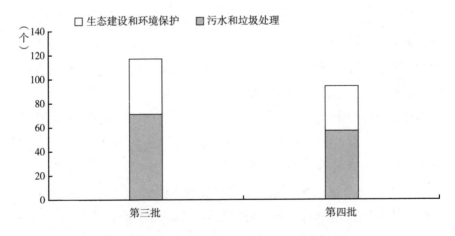

图11 第三批、第四批示范项目中环保类相关项目数量

经过前期的实践探索，我国已形成了灵活的 PPP 合作模式，包括建设－运营－移交（BOT）、移交－运营－移交（TOT）、设计－建设－融资－

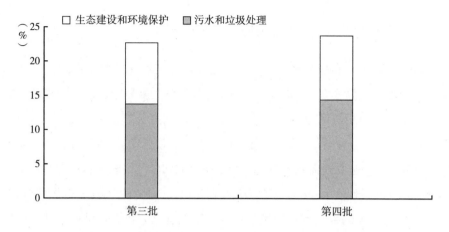

图12　第三批、第四批示范项目中环保类相关项目数量占比

经营－移交（DBFOT）、重构－运营－移交（ROT）等，具体见表5。虽然我国PPP合作取得了一定进展，但实践中仍存在招标程序及公正性和合理性弱、项目建设重建轻运、地方政府的融资和偿债风险大等问题①。

表5　PPP合作创新案例

序号	项目	模式	回报机制	效益
1	河南省平顶山市区污水处理项目	TOT	可行性缺口补助	通过特许经营权有偿转让，缓解了政府债务压力，并提升了运营管理水平
2	江西省九江市柘林湖湖泊生态环境保护项目	DBFOT	政府付费	实现了改善水质、修复生态、综合提高区域内环境指标的目标
3	如皋市同源污水处理厂一、二期提标改造和三期扩建项目	ROT	政府付费	显著提高污水处理能力和出水水质
4	河南尉氏县生活垃圾焚烧发电项目	BOT	可行性缺口补助	采用焚烧发电方式处理生活垃圾，有利于实现垃圾的减量和解决用地紧张问题

① 雷英杰：《环保PPP项目存在六大问题》，《环境经济》2017年第Z2期，第40～41页。

（四）再生资源/生活垃圾回收模式创新

2017 年 3 月，国家发展和改革委员会联合住房和城乡建设部发布《生活垃圾分类制度实施方案》，提出"加强生活垃圾分类配套体系建设"和"建立与再生资源利用相协调的回收体系"（简称"两网融合"）。2017 年 4 月，国家发展和改革委员会联合 13 部委发布《循环发展引领行动》，提出完善再生资源回收体系，包括建立逆向物流、线上线下融合的回收网络和适合产业特点的回收模式等。一系列政策的相继出台为再生资源回收企业创造了较好的发展环境。

在相关政策的引导下，近年来出现了一批具有创新性、可推广性的、先进的再生资源回收及"两网融合"模式。

1. 启迪桑德绿色回收新模式

启迪桑德生活垃圾分类回收主要采用"生活垃圾分类服务点 + 户外分类垃圾桶 + 专人引导"的模式。①"好嘞"社区垃圾分类服务亭：主要通过在亭内设置服务区和智能垃圾分类回收垃圾。居民可将可回收、有毒有害物投放在亭内；智能垃圾箱将根据重量计算出积分，居民可用积分兑换日常生活用品。②户外垃圾分类桶 + 宣传栏，垃圾桶后方配置生活垃圾知识宣传栏，引导居民正确分类。③专人引导 + 活动宣传，通过不断对居民进行宣传教育，提升垃圾分类效果。

其中，厨余垃圾的收集采用专用回收系统。为每户家庭发放一个厨余垃圾收集专用回收桶，居民定时定点将回收桶放置在配套的厨余柜上，回收专员将定时定点收集、清洁、消毒回收桶及柜子，清洁后的回收桶可以反复使用。

2. 上海新金桥电子废弃物回收新模式

新金桥在全国首创利用物联网模式进行电子废弃物回收。利用物联网特有的信息传感设备，按约定的协议，将生产者、销售者、消费者产生的电子废弃物相关信息录入电脑传至互联网，三者在进行信息交换的同时，实现对电子废弃物的智能化识别、定位、跟踪、监控和管理，从而真正实现从电子废弃物产生方到电子废弃物处置方再到产生方的"闭环"。

通过引入"互联网＋环保"的概念，新金桥将传统的环保回收、处置、再利用这一模式与时下流行的"互联网＋"概念相结合，将"互联网＋"始终贯穿于再生资源产业链中。同时，结合微信、移动互联网 APP、展厅数据实时互动更新等技术手段，"互联网＋科普"将电子废弃物回收、处理处置以及环境服务等内容以更具趣味性、互动性的形式向观众展示和推广。

阿拉环保网是"物联网"核心技术的门户。用户在阿拉环保网注册成为会员，并办理环保卡（积分卡或环保银行卡），然后将电子废物打包，贴上注册阿拉环保会员时所用的手机号码，将贴有信息的电子废弃物投入阿拉环保回收箱中，阿拉环保网就将对应的积分打进交投者的阳光阿拉环保卡账户内。卡内积分具有金融消费功能，可直接在银行变现。通过采用该技术，整个体系回收的物流成本下降了 80%，居民可在自助完成交投过程的同时得到实惠。

图 13　阿拉环保网、阿拉环保卡

在回收网点建设方面，截至 2018 年 7 月，共建设 2945 个普通回收网点、101 个智能回收网点以及 21 个两网融合自助型示范点。其中企业近 200 家，机关 28 个，商圈 5 家，学校 250 个，社区、街道等 1635 个。招募组织了 1200 多位志愿者开展了一系列"走进机关，走进企业，走进学校，走进社区"活动，截至 2018 年 7 月，共开展宣传活动 450 余场，参与人数达 4 万余人。阿拉环保网的网络注册会员数超过 20 万人，阿拉环保官方微信关注者超过 1 万人。截至 2017 年 12 月，阿拉环保网回收小型电子废弃物 141.12 万台，大型电子废弃物 101.38 万台。

污染治理篇

Pollution Control

B.2

报废汽车回收拆解过程的
环境问题与对策

穆京祥　史国银*

摘　要： 我国报废汽车数量快速增长，报废汽车具有较高的资源利
用价值，但在回收拆解处理过程中存在较多的环境问题，
如果不能妥善处理将会产生环境风险。数据显示，我国报
废汽车的规范化回收率和资源化率都较低。本文通过分析
国内报废汽车拆解企业典型拆解过程，重点指出了报废汽
车拆解过程可能产生的环境问题和风险，同时也研究了拆
解企业在有关拆解设施、人员、管理方面可能存在的问
题。最后，针对上述环境问题和风险提出了相应措施

---

* 穆京祥，大学本科学历，就职于中国电子工程设计院有限公司，副总工程师/教授级高级工程
师，研究方向为循环经济；史国银，硕士研究生，就职于中国电子工程设计院有限公司，工
程师，研究方向为循环经济。

和建议。

关键词：报废汽车　回收　拆解　环境问题

一　我国报废汽车回收现状

（一）汽车报废量已进入快速增长阶段

随着我国经济持续稳步发展，国民消费水平不断提高，近十年来，我国汽车消费呈现快速增长的趋势，2007 年生产 889 万辆，2017 年生产 2888 万辆，增长 225%。

根据公安部发布的数据，截至 2018 年 6 月底，全国机动车保有量达到 3.19 亿辆，全国汽车保有量超过 100 万辆的城市已有 58 个，比 2017 年 6 月增加了 9 个；300 万辆以上的城市有 7 个，比 2017 年 6 月增加了 1 个。

截至 2016 年末，全国汽车保有量达到 20019 万辆，新注册登记汽车达 2752 万辆，保有量净增 2212 万辆。理论注销量为 540 万辆，占全国汽车保有量的 2.70%。

对比 2017 年末，全国汽车保有量达到 21700 万辆，新注册登记汽车达 2813 万辆，保有量净增 1681 万辆。理论注销量为 1132 万辆，占全国汽车保有量的 5.2%。可见，我国汽车理论报废量正在进入快速增长阶段。

（二）报废汽车正规渠道回收率低

根据公安部近年来发布的汽车保有量、新注册登记量数据，以及商务部发布的报废汽车回收量数据，可以计算我国 2008 ~ 2017 年汽车报废量、回收量、报废率和回收率。从图 1 可以看出，我国汽车报废率仅为 3% 左右

（报废率＝报废量/保有量），与发达国家 6%～8% 的报废率相比，差距较大[①]。

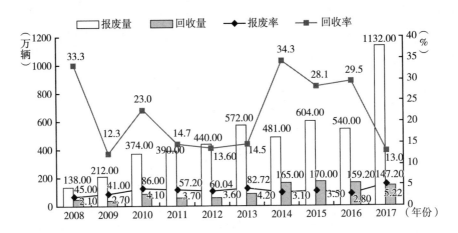

图1　2008～2017 年我国汽车报废及回收情况

2017 年，我国通过正规渠道回收的汽车仅有 147.2 万辆，回收率（回收率＝回收量/报废量）仅为 13%。近年来，我国报废汽车回收率一直维持在较低水平，报废车"黑市"交易呈泛滥趋势，每年应报废车辆中，通过正规渠道回收的仅为 30% 左右，其他近 70% 的应报废汽车流入地下"黑市"，其中一半进入非正规拆解渠道，另一半则流向周边县市或者农村地区继续使用。这一方面给正规的报废车回收拆解企业带来了巨大的竞争压力，另一方面也给交通安全、环境保护和资源利用带来了严重威胁[②]。

（三）报废汽车资源化率偏低

我国报废汽车行业所采用的拆解方式主要有两种：分步拆解和整车破

[①] 陈元华等：《我国报废汽车回收利用现状分析与对策建议》，《中国工程科学》2018 年第 1 期。

[②] 刘静、鲍亚杰、邱明琦：《报废汽车回收拆解行业存在的问题与对策探讨》，《再生资源与循环经济》2017 年第 9 期。

碎。采用分步拆解，可以对零部件进行回收再利用；采用整车破碎，则主要是对废旧材料进行回收利用[①]。

由于报废汽车回收拆解企业资源分散、生产规模小、拆解装备科技含量低、产业链缺失，多数拆解企业采用人工拆解分类，效率较低[②]。并且受报废汽车"五大总成"（发动机、变速器、前后桥、车架、转向机）严禁用于零部件销售的政策限制，正规回收拆解企业90%以上的利润来自废钢铁销售，报废车的资源化率较低。而非正规企业则普遍缺少专业的设备和环保措施，报废汽车的资源化率更低。

因此，我国报废汽车的资源化率偏低，目前仅为75%左右，远低于发达国家95%的水平。较低的资源化率也使报废汽车拆解处理过程中的环境风险更加难以控制。

二 报废汽车拆解企业的环境问题与对策

（一）拆解过程中的环境问题与对策

近年来，我国报废汽车回收拆解行业稳步发展，截至2017年底，全国获得拆解资质的企业达到689家[③]，隶属回收网点有2300余个。报废汽车回收网点已覆盖全国80%以上的县级行政区域，从业人员3万人左右。获得报废汽车拆解资质的企业中，仅有40家企业年拆解能力超过1万辆；年拆解能力1000辆以下的多达351家，占拆解企业总数量的51%。

我国报废汽车拆解企业分为两大类：正规拆解企业（获得许可证）和非正规拆解企业。非正规拆解企业对报废汽车进行拆解时基本不考虑污染物

---

① 黄慧琼、叶小茂：《报废汽车零部件回收分拣工艺设计》，《公路与汽运》2017年第3期。
② 丁涛、曾庆禄：《基于资源再生的废旧汽车回收利用研究》，《环境工程》2014年第S1期。
③ 中华人民共和国商务部流通业发展司：《中国再生资源回收行业发展报告（2018）》，http://ltfzs.mofcom.gov.cn/article/ztzzn/an/201806/20180602757116.shtml。

控制问题，包括对有关危险废物进行拆解、储存和交付专业公司处置。

正规报废汽车回收拆解企业根据《报废汽车回收拆解企业技术规范》要求，拆解过程一般遵循环保和循环利用的原则，其作业程序通常包括检查和登记、预处理、临时存储、拆解、存储和管理等。图2为一般报废汽车拆解企业的作业流程与产污环节。

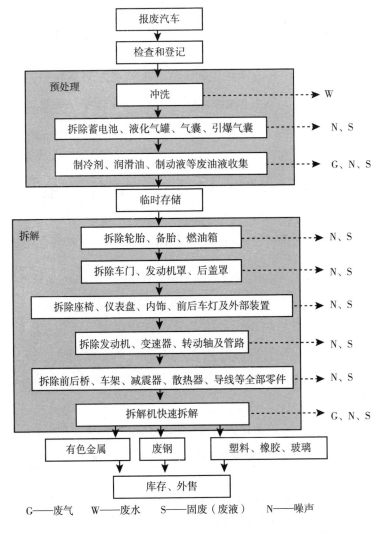

图2 报废汽车拆解企业的作业流程与产污环节

在报废汽车的拆解或存储各环节中，若操作不当或未考虑相应环保设施，会产生有关环境问题，以下是主要环节中环境风险及应对的控制措施。

①检查与暂存：报废汽车进厂后，回收企业需要先对其发动机、散热器、变速器、差速器、油箱等总成部件的密封、破损情况进行详细检查，然后进行暂存，否则破损的有关部件会造成废油液的泄漏，有较大的环境风险和安全隐患。

对于存在破损部件的汽车，应在其集中暂存区内设置废油液回收设施，及时收集泄漏的液体或封住泄漏处，防止废液渗入地下。

②汽车存储：汽车存储方式不当，也会造成废油液泄漏等环境安全问题，整车应避免侧放、倒放，若采用叠放，则需重合上下车辆的重心，防止其掉落，或预先将整车中废油液抽干；对大型车辆应单层平置。

③废油液回收：预处理工序中，需要将残留在报废汽车中的废油液排空回收。这些废油液主要包括汽油、柴油、机油、润滑剂、液压油、制动液、防冻剂等。如不能有效回收这些废油液，其挥发的气体将在车间内形成无序流动且会扩散。由于其主要成分是非甲烷总烃，存在环境和安全隐患，回收的废油液应与其他废物分开存放，存储区应严禁烟火。

④废电池拆除：报废汽车中的电池主要分两大类——废铅蓄电池和锂离子电池。

目前绝大多数汽车使用的是铅蓄电池，其主要成分为铅和硫酸。新能源汽车中锂离子电池的主要成分是磷酸铁锂、钴酸锂等正极活性物质，石墨炭粉、钛酸锂等负极活性物质，黏结剂、电解液（碳酸脂类有机溶剂）及其溶解的电解质盐等。一般拆解企业仅能将铅蓄电池或锂离子电池从汽车上拆除，不再进行进一步的拆解或处理。拆解不当会使电池包破损，可能造成重金属、有机废液或废酸液等的污染。应将拆除的废电池交给专业电池回收利用企业进行无害化、资源化处理。

⑤安全气囊拆除：安全气囊拆除时存在一定的安全风险。因其含有化学成分叠氮化钠、硝酸钾和二氧化硅等，一般拆解时需要将其引爆。引爆时，叠氮化钠分解为金属钠和氮气的混合物，然后金属钠和硝酸钾反应释放出更

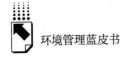

多的氮气并形成氧化钾和氧化钠，这些氧化物会立即与二氧化硅结合形成无害的硅酸钠玻璃，氮气则充进气囊。引爆后的安全气囊不再有环境风险和安全隐患，并可作为一般尼龙材料外售。

气囊引爆时会产生剧烈声响，因此可在专用的密闭容器内引爆，这样既可起到阻隔噪声的作用，也可保证作业人员的安全。

⑥含多氯联苯废电容器、含汞开关、含铅灯具、废线路板拆除：废电容器主要来自汽车电瓶处；含汞开关主要是电子开关；含铅灯具主要是仪表灯、放电灯。企业需将这类部件预先拆除取出，按危险废物暂存在厂区内，并分别用专用容器收集后存储于危险废物仓库，然后委托有相应处理或处置资质的单位集中处理。

⑦尾气净化催化剂拆除：主要来源于汽车排气管。尾气净化催化剂为危险废物，主要由陶瓷载体、活性氧化铝涂层，以及铂铑钯贵金属催化剂组成。一般报废车拆解企业仅对尾气净化装置进行拆除，不进行进一步的拆解或处理，并用专用容器收集后存储于危险废物仓库，然后委托有相应处理或处置资质的单位集中处理。

⑧废空调拆除：报废汽车空调中的制冷剂主要为氟利昂，若不进行集中回收，会对臭氧层造成较大危害。一般采用专用抽取装置将其导入封闭的制冷剂回收储罐。回收过程中泄漏的氟利昂量极少。

⑨车体快速拆解：经过预处理的剩余车体，可以直接进行粗拆或精拆，在使用拆解机进行粗拆时，易产生灰尘、铁锈等脱离逸散到空气中的粉尘，其主要污染物为颗粒物。因此，在该拆解车间需要设置集气罩、除尘器、风机等对粉尘进行除尘和有组织排放。

此外，该环节还会产生碎玻璃、橡胶、塑料、海绵、陶瓷等不可利用废物。该部分固废将作为一般固废送至专业公司处置。

⑩零部件清洗：对于精细拆解得到的各类零部件，一般需要进行清洗，此环节会产生一定的清洗废水，需经隔油—气浮等处理后再排放至污水处理站。

⑪噪声污染产生环节：拆解企业在多个环节或场所会产生较大噪声，主

要噪声污染源为各类剪切机、液压机、抽油机、拆解机、起重机、翻转机、叉车等。需要特别注意的是，可以通过设备减振、隔声等措施，在一定程度上降低其环境影响。

（二）拆解厂区设施存在的环境问题与对策

①厂区初期雨水：报废汽车拆解厂区的初期雨水可以分为屋面雨水和路面/堆场雨水，其中屋面雨水含的污染物质较少，因此可以直接排放至市政雨水管网；而路面/堆场初期雨水含有一定量的废油、废液、粉尘等污染物，需要经过集中收集、隔油后排放至污水处理站处理，一定时间之后的雨水可排放至市政污水管网。

②拆解车间地面冲洗水：一般拆解企业会定期对车间地面进行冲洗，产生的冲洗废水需经过隔油—气浮后排放至污水处理站。

③危险品库：存放废汽油、柴油、氟利昂的仓库，若罐体或连接管道破裂，则会造成物料泄漏，或遇明火会燃烧、爆炸。存放废铅蓄电池、废锂离子电池的仓库，需要设置围堰，以防止电解液等泄漏造成污染。

④空压设备和除尘系统的噪声：厂区空压系统和除尘系统的噪声等级较高，且为连续噪声，对职工的健康安全影响较大。因此，应选用技术先进的低噪声设备并对设备进行隔声减振、消声吸声。

（三）拆解企业存在的环境管理问题与对策

1. 对拆解物分类的认知与管理

由于汽车的组成非常复杂，拆解下来的零部件与物料种类繁杂。国内报废汽车拆解企业对拆解下来的零部件或物料中哪些是危险废物意见不一，且存在较大差异，如汽车中的废弃电子产品（包括音响系统、导航系统、照明系统、信号系统、仪表系统、电子控制系统、电线电缆等）含有较多危险废物，一般是作为可再生资源或一般固体废物销售给资源化企业或一般处理企业的，但多数资源化企业或一般处理企业在后续处理这类产品过程中难以做到无害化，会产生较严重的环境问题；若按照危险废物认定，则国内尚

缺少可对这类产品进行处理的企业，同样面临环境问题。

报废汽车拆解下来的一些属于危险废物的零部件或物料，如含铅废物、废蓄电池、废电容器、含汞废物、废油液、废制冷剂、废电路板，应由具有危险废物经营许可资质并可以处置该类废物的专业公司进行处理或处置，现实中这类企业难以找到。

因此，不同的报废汽车拆解企业对拆解下来的零部件或物料的管理不同，其所产生的环境影响也是不同的。表1为一般企业对项目固废的分类及管理。

2. 拆解企业缺少专业技术和管理人员

我国对报废汽车的拆解方式基本上仍是粗放式手工拆解，拆解程序不规范，拆解物料分类标准不清，没有形成标准规范的工业化作业，企业管理水平相对落后，其关键问题是缺少专业技术和管理人员。

面对快速发展的报废汽车回收拆解产业，应有龙头企业加大投资力度，吸引专业技术人才解决回收拆解中的有关技术问题，并制定相关技术标准。

三　报废汽车回收拆解的环境管理建议

（一）完善报废汽车回收拆解管理法规

报废汽车回收拆解是一个涉及面广、政策性和技术性强、协调难度大的管理问题，要实现报废汽车回收拆解利用产业的健康可持续发展，必须构建完善的法律监管体系。

目前，政府主管部门对报废车行业进行管理的法规和技术标准，主要见于《报废汽车回收管理办法》《机动车强制报废标准规定》《汽车产品回收利用技术政策》《报废汽车回收拆解企业技术规范》《报废机动车拆解环境保护技术规范》，以及一些有关规范性文件，这些法规和文件存在时效弱、数量少、不配套、专业性不强、未形成体系、宣传不够、执法力度不强等问题。

因此，需要借鉴发达国家经验，如美、德、日等汽车发达国家在报废汽

表 1 一般企业对项目固废的分类及管理

序号	类别	危废类别	危废特性	名称	来源	处置方式
1	危险废物	HW49,900-044-49	毒性	S1 废蓄电池	报废汽车拆解线	交有资质单位处置
2		HW10-900-008-10	毒性	S2 废电容器		
3		HW08-900-249-08	毒性、易燃性	S3 废油液		
4		HW31-421-001-31	毒性	S4 含铅废物		
5		HW29,900-023-29	毒性	S5 含汞废物		
6		《报废机动车拆解环境保护技术规范》指定危险废物	毒性	S6 废空调制冷剂		
7		HW49,900-045-49	毒性	S7 废线路板		
8		《报废机动车拆解环境保护技术规范》指定危险废物	毒性	S8 废液化罐		
9		《报废机动车拆解环境保护技术规范》指定危险废物	毒性	S9 废尾气净化催化剂		
10		《报废机动车拆解环境保护技术规范》指定危险废物	毒性	S10 废气囊		
11		HW08,900-210-08	毒性	废油脂	隔油池	
12	一般固废			S11 塑料	报废汽车拆解线	外售
13				S12 玻璃		外售
14				S13 钢铁		外售
15				S14 橡胶		外售
16				S15 有色金属		外售
17				S16 不可利用废物(废泡沫、废灯泡、废装饰)		外售
18				废水污泥	污水站	卫生填埋
19	生活垃圾			生活垃圾	员工	卫生填埋

车回收管理方面工作开展得较早，政策法规标准配套完善，基本形成了管理方式法制化、回收利用系统化、回收处理责任化。

（二）资源化利用是减少环境影响最有效的手段之一

①设定并逐步提高资源化利用率。除特定危险废物必须严格监管外，许多拆解部件是可以进行资源利用的，提高资源化利用率可以减少污染物的排放或减小后续的处置压力。作为可参考的目标，发达国家报废汽车回收利用率可以达到95%。

②目前国内缺少可再利用零部件合理使用的政策和技术要求，应从市场需求入手，使回收利用者、技术研发者、政府监管者相互协调，促进二手零部件的再利用和再制造。

③尽快出台国务院关于修改《报废汽车回收管理办法》的决定，允许报废汽车"五大总成"交售给零部件再制造企业，加强资源利用，增加正规报废回收拆解企业的利润来源，提高正规企业的积极性和竞争力。

④国家管理部门、行业协会、企业和技术研究机构应共同研究产业链有关循环利用政策、标准、技术、产品等问题。报废汽车拆解绝不是某一类企业可以完成的，从整车到零部件（再制造或再利用部件），从零部件到可再生材料再到原材料或复合材料，需要形成有效的产业链。

⑤通过技术水平和能力的提高，实现回收拆解过程环境友好和资源化水平的提高，增加拆解技术装备研发投入，改变现有人工＋简单装备的粗暴拆解模式，通过专业化拆解设备的使用，提高拆解效率和资源利用效率。

（三）报废汽车回收拆解中重点拆解残余物的环境管理

拆解环节对报废汽车废弃物分类的不规范，使得在后续处理或利用中可能造成严重的环境污染。主要体现在报废汽车的废油液、废电池、废汽车电器电子产品、废尾气催化剂及汽车破碎残渣的处置上，必须交由专业处置企业进行处理，同时应注意对以下物品进行监管。

①废油液的处置。一般交由危废处理厂或专业的回收处理企业进行提纯

回收，但也存在部分企业将其用于厂内车辆的情况，因此存在较大的环境风险和安全风险。

②废电池的处置。报废汽车中的废电池主要包括废铅蓄电池和废动力电池，目前废电池能够得到较好的回收，但在处理技术上仍存在很大问题。在对铅蓄电池的处理中，应对含铅废气、废水、废渣及硫酸雾等进行重点收集和处理，防止形成累积性污染。废旧锂离子电池对环境的污染主要有重金属镍、钴污染，砷污染，氟污染，有机物污染，粉尘和酸碱污染。[①] 废旧锂离子电池的电解质及其转化产物、溶剂及其分解和水解产物，如甲醇、甲酸等，都是有毒有害物质，因此必须将废旧锂电池送到有资质的地方进行统一处理，要加强对这一过程的监管。

③废汽车电器电子产品的处置。由于目前正规的废弃电器电子产品处理企业尚未开展对汽车中废弃电器电子产品的拆解处理工作，而随着汽车信息化、智能化的发展，废汽车电器电子产品将越来越多，需要加快对该部分废弃电器电子产品的规范化拆解处置速度。

④废汽车尾气催化剂的处置。由于废汽车尾气催化剂中含有多铂族金属，针对其回收利用的技术目前国内尚不成熟，废汽车尾气催化剂尚不能得到规范化的回收处理。此外，国内没有专门的部门对废汽车尾气催化剂进行回收管理，缺乏相应的法律法规和明确的回收监管制度，造成回收率低和环境污染严重。

⑤汽车破碎残渣的处置。目前国内汽车破碎残渣回收利用非常少，基本都是直接进行填埋处理，这在很大程度上限制了报废汽车回收利用率的提高。此外，由于汽车破碎残渣中含有重金属和多氯联苯等有毒有害物质，填埋也会造成较大的环境问题[②]。

① 沈越等：《我国废铅酸蓄电池污染防治技术及政策探讨》，《中国环保产业》2011 年第 4 期。
② 陈铭：《汽车产品的回收利用》，上海交通大学出版社，2017，第 213 页。

B.3
铬渣无害化处理的全过程环境管理分析

齐水莲　李顺灵*

摘　要： 铬渣是铬盐生产过程中排出的废渣，属于危险固体废物。我国铬渣处理技术主要有干法解毒和湿法解毒。本文以河南省郑州市一个历史遗留铬渣无害化处理工程项目为研究对象，从案例的背景和拟解决的环境问题出发，分析研究了解决铬污染问题所采用的主要工艺技术和项目实施过程的管理模式，总结了先进的工程经验。本项目采用的两段式铬渣湿法解毒工艺具有处理成本低、解毒彻底、易规模化生产、实现废水及废气的零排放等优点，并且引入了环境监理，加强环境监督，在项目质量、进度、安全、污染防治措施落实等方面取得了良好的成效，项目环境效益和社会效益显著，也为今后固体废物治理项目的全过程环境管理提供了实践依据。

关键词： 铬渣　湿法解毒技术　环境监理　环境管理

一　案例背景

（一）政策要求

铬渣是铬盐生产过程中排出的废渣，属于危险固体废物。中国铬盐

＊ 齐水莲，硕士，河南金谷实业发展有限公司环保事业部工程师，主要从事重金属污染治理技术研究；李顺灵，学士，高级工程师，河南金谷实业发展有限公司常务副总，主要从事重金属污染治理技术和土壤污染修复技术研究。

产量约占世界的 1/10，大部分采用的是有钙焙烧工艺，该工艺排渣多，每生产 1 吨重铬酸钠平均排渣为 2.5~3 吨。《铬渣污染综合整治方案》显示，我国铬盐生产已产生 600 多万吨铬渣，其中 200 多万吨得到了有效处理①，约 400 万吨无主铬渣未得到无害化处理，分布于我国 19 个省、市、区。河南省是铬污染的重灾区，堆存铬渣达 60 多万吨。铬渣中的有害成分为可溶性铬酸钠、酸溶性铬酸钙等六价铬化合物②，其毒性强、氧化性强，已被确认为致癌物质，无害化处理铬渣是铬行业最头痛的问题。

中国各级政府高度重视铬污染治理并将其纳入"十一五"环境保护规划，铬渣治理还被列入国家"十一五"规划的重点工程③。国家随后出台了《铬渣污染治理环境保护技术规范（暂行）》。河南省各级党委、政府高度重视铬渣治理工作，将治理任务及时分解到相应省辖市政府，省辖市政府又将任务分解落实到县（市、区）及乡镇。省委、省政府主要领导都做出重要指示，要求提高认识，加强领导，切实做好铬渣处理工作。2010~2012 年，河南省省政府为推动项目，相关省辖市政府年度环境保护目标责任书将铬渣治理工作纳入其中。省政府分管副省长多次亲赴铬渣处理现场调研、指导铬渣处理工作，对铬渣处理工作先后 21 次做出重要批示，要求发改、环保、财政等相关部门联合采取措施，确保铬渣治理任务按期完成。各有关省辖市、县（市）政府按照国家要求和省政府统一部署，积极推进铬渣处理工作，市、县政府主管环保领导亲自抓，并成立了铬渣处理领导小组。河南省环保厅相继印发了《关于进一步加强铬渣处理工作的通知》《关于进一步加强铬渣治理监测工作的通知》《河南省铬渣治理环境保护验收方案》等一系列文件，指导铬渣治理工作有序进行。

---

① 刘玉强、李丽、王琪等：《典型铬渣污染场地的污染状况与综合整治对策》，《环境科学研究》2009 年第 2 期，第 248~253 页。
② 宋菁：《典型铬渣污染场地调查与修复技术筛选》，青岛理工大学硕士学位论文，2010。
③ 江玲龙、李瑞雯、毛月强等：《铬渣处理技术与综合利用现状研究》，《环境科学与技术》2013 年第 6 期，第 480~483 页。

（二）拟解决的环境问题

铬渣中的六价铬毒性较高，能引起肾炎、贫血、呼吸道炎症等疾病，对肝、肾等造成损伤，同时六价铬对肺还有致癌作用，并能在人体内积蓄。六价铬易在环境中发生迁移和转化，土壤中的铬通过植物吸收、生物链作用等，向食物链顶端逐级传递、富集，进而危害人体健康。由于产废单位当时环保意识淡薄，对铬渣的危害性认识不够，铬渣大多被直接露天堆存在原化工厂周边，存在严重的环境隐患，对周围生态环境造成持续性污染。

二 案例分析

（一）解决问题的思路

截至 2012 年底，我国历史遗留铬渣的无害化治理工作已基本完成，解除了威胁人民群众健康的安全隐患。2012 年底，河南按期顺利完成铬渣治理任务，无害化处理铬渣共 64 万吨，占全国铬渣治理任务总量的 16%。总结河南省历史遗留铬渣无害化处理的工作经验，主要是采用了先进的工艺技术及对项目进行了科学管理，再加上政府指导、环保部门监管到位等。河南金谷实业发展有限公司（简称"河南金谷公司"）作为河南省历史遗留铬渣及铬污染物的主要治理单位，截至 2015 年 8 月共计完成了 50 多万吨铬渣及铬污染物无害化治理工作，形成了一套处理能力强、设备工艺完善的铬渣处理专业技术体系，铬渣解毒彻底，无返铬现象，具有长期稳定性的特点。

本研究以河南省郑州市原五里堡化工总厂遗留铬渣无害化处理工程为例，该工厂位于河南省新密市大隗镇五里堡村，铬盐（红矾钠）生产线于 1988 年投资建设并投产，建设规模约为 3000t/a。1992 年，因市场萎缩、技术落后等，工厂破产倒闭。工厂倒闭后，3 万多吨无主铬渣堆存于原厂马路对面的低洼渣场，渣场面积为 4000 平方米左右，铬渣表层被附近居民及企业的建筑垃圾覆盖。因无三防措施，这些铬渣对周边环境及地下水系统造成严重污染，对铬渣进行无害化处理消除安全隐患迫在眉睫。本项目自 2010 年 3 月开始建设，2010 年 9 月底处理设施建成，10 月开始处理铬渣，截至 2011 年 5 月累计处理铬渣 31950 吨。该项目自开工建设、调试运行，至完成铬渣无害化处理任务，整个过程没有发现重大质量问题，铬渣全部达标处理。2012 年 7 月 12 日，河南省环境保护厅组织环保验收，总体认定本项目符合国家铬渣治理有关要求和《河南省铬渣治理环境保护验收方案》规定，原则同意通过验收。2015 年 5 月 5 日，郑州市发展和改革委员会、财政局组织竣工验收，验收结论：本项目的实施，取得了显著的环境效益、社会效益和经济效益，验收组同意通过竣工验收。该项目采用的湿法铬渣无害化处理技术 2011 年获得了发明专利（"一种铬渣解毒工艺"专利 ZL201010174908.6），同时通过了河南省科技厅的科技成果鉴定，鉴定结论是该工艺技术达到国内领先水平，并获得了河南省科学技术进步奖二等奖和河南省教育厅科技成果一等奖。

（二）主要工艺

目前，我国铬渣处理技术主要有干法解毒和湿法解毒。在工程实践中运行较好的技术有电厂旋风炉利用、窑炉干法处理和传统湿法解毒等。传统湿法解毒技术普遍存在一些问题，如处理成本过高、造成二次污染、解毒不彻底、跨行业使用困难等。

河南金谷实业发展有限公司无害化处理铬渣采用的是自主研发的两段式湿法铬渣解毒工艺。项目实施前期，公司聘请了具有丰富经验的刘帅霞博士担任铬渣处理技术顾问，为项目技术的安全可靠提供了有力保障。

如图 1 所示，本项目的工艺流程是：先将铬渣先进行破碎处理，然后筛分，筛上物返回继续破碎，筛下物由密闭式皮带输送机送入湿式球磨机。铬渣经球磨机磨碎后，送入打浆槽，然后泵入氧化还原罐内进行酸浸、两段还原。铬渣第一次还原加入焦亚硫酸钠，在酸性环境下再加入硫酸亚铁进行第二次还原。最后通过投加固化剂并调节溶液的 pH 值，使三价铬固定在解毒后的铬渣中。反应完成后浆液泵入板框压滤进行固液分离，滤液进行生产回用，滤饼送入铬渣暂存场，检验合格后送往填埋场进行安全填埋。该湿法解毒工艺成熟，容易实现规模化生产，处理成本低，处理工序简单，且实现了废水、废气的零排放。项目相关建筑物主要有计量间、湿法解毒车间、破碎间、清水池及加压泵房和生产附属用房。项目总平面划分为铬渣解毒处理区、辅助设施配套区、解毒铬渣暂存区、填埋区四大部分。项目主要设备有破碎机、进料提升机、输送设备、球磨机、除尘器、反应罐、压滤机、水泵、原料罐、酸雾吸收塔、相应管道及电气设备等。

1.筛分 2.输送 3.提升

4.输送 5.球磨 6.酸浸还原

7.板框压滤 8.临时堆放 9.填埋场填埋

图1　项目工艺流程

（三）管理模式

1. 前期工作扎实，积极推进项目实施

项目中标后，河南金谷实业发展有限公司作为铬渣无害化治理项目的承

担单位，开展了大量项目实施的前期工作和国家资金申请工作，主要包括配合完成铬渣数量的核定工作，委托开展项目的可行性研究报告编制工作；通过了省发改委组织的评审，委托开展项目环境影响报告编制工作；通过了省环保厅批复，开展国家铬渣专项补助资金申请工作。同时，垫资开展了工程项目的用地、用水、用电等基础工作，设计、监理设备及安装建筑工程的招投标工作，项目现场辅助用房修建、厂房基础等准备工作，投入人力、财力积极推进项目实施。

2. 政府高度重视，环保部门履行监管职责

项目所在地新密市委、市政府多次召开会议研究该项目建设事宜，成立了以主管副市长为组长，以相关委、局为成员的铬渣无害化处理工作领导小组，大力推进铬渣无害化处理工作。项目试生产前期，新密市环保局、大隗镇政府主要领导每天到铬渣处理现场工作，试生产后期每天到现场工作半天，处理工作正常后每两天到铬渣处理现场工作半天。为保证铬渣处理工作顺利进行，各级政府领导积极协调多种关系，为企业解决生产实际问题，采取多种措施为企业排忧解难。建立周例会制度，随时指挥协调解决项目实施过程中的问题。制定铬渣处理资金管理办法，按质、按量、按处理进度实施"五日一统计、十日一结算"的资金拨付管理办法控制拨付铬渣处理资金。市环保局、镇政府分别抽调工作能力强、素质比较高的工作人员组成驻厂工作组，全天 24 小时驻厂盯守。驻厂工作组坚持日报告制度，及时将有关处理情况报告给主管领导及有关单位，督导项目运行并现场协调处理相关问题。

3. 项目运行规范，处理后的铬渣被安全填埋

2010 年 9 月底，该项目完成铬渣无害化处理设施建设，同时向河南省环境保护厅申请试运行。10 月底，河南省环保厅批准项目试生产。试生产实际操作中，工作人员先用粉煤灰进行了负载调试，对在调试过程中发现的问题进行了整改。在得到省环保厅的试运行批复后，企业立即开挖铬渣原堆场，挖出铬渣调试运行，在试运行过程中对部分不协调设备进行了优化组合，并优化了铬渣无害化处理工艺。在试运行期间，增加一台全自动板框压滤机使日处理量突破 300 吨，确保整体处理能力达到甚至超过计划量。试运

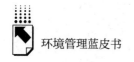

行后，经省厅验收，企业获得了危险废物经营许可资质（铬渣）。

河南金谷实业发展有限公司严格按照《铬渣污染治理环境保护技术规范》及环评有关要求进行工程污染防治和风险防范措施建设。在项目运行过程中，各项环保措施有效运行，环保设备均运行良好，污染物治理达到了预期效果，无环境事故发生。根据环境监测部门对项目处理前后环境进行的监测对比，项目没有对当地环境造成二次污染，项目周围环境质量现状基本无变化。

无害化处理后的铬渣在被送到有资质的检测单位检测合格后，必须经金谷公司、监理公司、驻厂工作组三方确认方可外运填埋。经检测，全部合格的铬渣被运往填埋场后，企业平整了填埋场表层并开始在表层铺膜覆土封场，填埋场表层铺设的是1毫米厚的防渗膜，防渗膜表层覆盖并压实了1米厚的土，覆完土在填埋场中部靠东方向修砌了一条雨水导流沟，以收集导流填埋场上的雨水。填埋场上设置了排气孔；为了防止填埋场水土流失，在填埋场的南坝、北坝及表面撒种了马尼拉种子。另外，在填埋场靠近村内小路的一侧用铁丝网进行围护，并设置了警示标牌。

三　案例创新点

（一）案例的创新性

1. 工艺技术创新

项目采取的两段式铬渣湿法解毒工艺的技术创新点主要有以下几点。

①第一次还原加入焦亚硫酸钠（$Na_2S_2O_5$），第二次还原是在酸性环境下加入硫酸亚铁（$FeSO_4$），铬渣经过两次溶出两次还原，解毒彻底，固化填埋安全，可显著降低运行费用。

②改变传统的将浓硫酸稀释的方式，直接加入浓硫酸进行酸浸还原解毒，可有效利用浓硫酸的反应热，缩短氧化还原反应时间。

③铬渣解毒后使用板框压滤机进行固废分离，废液循环利用，解毒后铬

渣安全填埋，节约用水，实现了废水零排放，节约成本。

④工艺过程简单，易实现规模化生产，处理成本低，处置能力强，日处理量可达 1000 吨。

2. 项目管理创新

项目管理过程应用了公司的 ISO9001：2015 质量管理、OHSAS18001：2007 职业健康安全管理、ISO14001：2015 环境管理三大体系。项目实施过程实现了项目组织机构创新、制度建设创新、人才管理机制创新。

铬渣无害化处理实行项目经理负责制，组建项目经理部，全面负责项目实施过程中安全、质量、进度、技术、合同、组织协调的管理，并对安全、质量、进度、技术、合同有关要求执行情况进行检查、分析及纠偏，确保项目的顺利实施。项目经理持证上岗，具有一级建造师注册证书和安全生产考核 B 证。其他技术人员如施工员、安全员、资料员等必备人员配置齐全。

项目制定了各种规章制度并对员工进行严格的专业技术、劳动安全、职业卫生、环境保护等培训，考核上岗，定期对员工进行绩效考核。本项目运行前制定了《环境保护管理制度》《安全生产管理制度》《化验室管理制度》《环保事故应急预案》《生产安全事故应急救援预案》，以及各工序操作规程等规章制度，并严格按照公司的《职工培训方案》对进厂职工进行专门的技术培训，特别是加强环保意识、职业卫生安全培训，确保了项目的正常运行。

项目经理的管理机制是人才管理机制的核心，公司上下统一认识，把项目经理当作一个职业，对项目经理实施业绩档案和资质的动态管理。真正落实项目经理的责、权、利，做到赋之以责、给之以权和厚之以利，使项目经理能够把职责履行到底。制定相应的激励机制。在人才方面提高企业的核心竞争能力，实现可持续发展。

（二）对比同行先进性

1. 引入环境监理，加强环境监督

本项目重视环境保护，业主通过公开招标引进环境监理（第三方监

督）。环境监理是加强建设项目环境管理的一项新制度，是提高环评有效性、落实"三同时"制度实现建设项目全生命周期环境监管的重要手段。本项目的环境监理时段为铬渣无害化处理工程建设至铬渣无害化处理完毕并经环保、发改等部门验收，环境监理范围为铬渣无害化处理工程的建设期、运营期、填埋期和竣工验收期的全过程。本项目环境监理工作的内容主要有：对项目全过程中环保措施进行监督，对敏感设施的防腐防渗进行监督，对铬渣处理质量和进度情况进行全面监督，对厂区安全和文明生产进行监督，核查资金落实情况，定期提交阶段环境监理报告。

本项目环境监理采取的主要措施有：建立环境监理项目部，进驻工地实施驻场监理；签发环境监理工程师通知单，项目实施过程共发出环境监理工程师通知单6份，收到联系单1份，收到工程师通知单回复6份；定期抽检，监督解毒铬渣处理质量，本项目实施过程共提交委托检测报告20份；定期报告工程情况，本项目实施共提交日报159份，周报21份，月报11份，会议纪要6份；不定时进行巡视和旁站，特别是在填埋场防渗膜的铺设、铬渣的开挖及上料工序等重点时段。

2. 环境监理的主要成效

通过开展环境监理工作，本项目在建设和运营过程中的污染防治、环境敏感目标的保护、各环境因子的保护等多方面的工作得以切实执行，环境污染得到了有效预防和及时治理；铬渣无害化处理后全部达到《铬渣污染治理环境保护技术规范》的要求，进入一般工业固废填埋场得以安全填埋。

在质量控制方面，通过环境监理每周委托有资质的单位抽检可以更加肯定处理单位的铬渣解毒质量，经抽检或抽检后复检合格的铬渣方能由临时堆场运往填埋场安全填埋。不合格的重新回炉处理，处理后的铬渣全部达标无害化填埋。至铬渣解毒处理完毕共检测20次，其中合格16批次，不合格4批次，复检合格4批次，对复检不合格的按照要求重新回炉处理，最终处理全部达标合格。

在资金与进度控制方面，进度与资金牢牢结合，环境监理根据镇政府的资金拨付管理办法严格执行"五日一统计，十日一结算"的方针，使处理达标的处理资金按时顺利拨付,不达标的严格控制,在确保工期的同时也确保铬渣处理资金一分不多花、一分不乱花。

在污染防治措施落实方面,项目在施工运营过程中产生的粉尘、废水、噪声和固体废物等都得到了有效的治理并且达到了预期的治理效果,所以项目在建设和运营时未对周围环境造成明显的影响和破坏,也未发生任何环境污染事故和环境污染纠纷。

四 案例可推广性

(一)效益分析

本工程属于环境污染治理项目,也是一项民生工程项目,项目实施后不直接产生经济效益,但能解决铬渣及铬污染物无序堆放造成的周边土壤及地下水污染问题,消除长期存在的环境及安全隐患,保证了周边人民群众的生产、生活安全,保护了生态环境,促进了经济社会的可持续发展,保障了人民群众的身体健康和社会秩序的稳定,同时也实现了国家环保法律、法规和政策管理目标的要求,将产生巨大的社会效益和环境效益。

(二)行业前景分析

铬渣无害化处理技术先后应用于河南安阳、新乡、郑州、三门峡,以及吉林省延边等地铬渣及铬污染物无害化治理工程,累计处理50多万吨。该技术的成功应用,得到了相关部门和机构的充分肯定和赞誉:2012年7月,国务院联合调研组对河南金谷实业发展有限公司的铬渣治理工作给予了高度评价;《中国环境报》及中央电视台《新闻联播》节目对公司河南义马铬渣项目的有效治理进行了跟踪报道;义马市人民政府授予公司"铬渣无害化处置工作先进集体"荣誉称号;河南原五里堡化工总厂遗留铬渣无害化处理工程获得了"国家重点环境保护实用技术示范工程"和"河南省环境保护优秀工程"称号。

历史遗留铬渣和铬污染物治理工作已基本完成,但铬污染治理是一项艰

巨、长期和复杂的工作，长期堆存铬渣引起的周边土壤和地下水环境污染问题已引起广泛关注，亟须研发切实可行的铬污染土壤修复技术及装备并进行应用。河南金谷实业发展有限公司在重金属治理方面技术力量强、工程经验丰富，完善并推广固废治理的环境管理经验是其今后工作的重点。

附　企业简介

河南金谷实业发展有限公司成立于 1996 年 10 月，长期致力于环境保护事业。主营业务有：重金属污染治理工程、环境生态修复工程、固体垃圾废弃物处理工程、城市污水和各种工业废水处理工程、电厂和各种工业锅炉及窑炉的烟气脱硫除尘工程。公司拥有一支高学历、高职称、能力强、年龄结构合理、理论技术并重的高水平创新研发队伍，拥有省级及以上研发机构两个——省级企业技术中心和河南省工程实验室，以及一个市级工程技术研究中心。

近年来，河南金谷公司紧密围绕国家环境污染治理需求，立足环保领域前沿，服务社会发展，注重产学研结合，在新型环保材料、设备研发、重金属污染治理、固体废物处理及循环利用技术等方面开展研究，取得了一系列丰硕成果，荣获河南省科学技术进步奖二等奖 1 项、三等奖 2 项，河南省教育厅科技成果一等奖 3 项，授权发明专利 8 项、实用新型专利 42 项，通过省部级鉴定的技术成果 5 项，近五年发表论文 20 余篇。

B.4
昆明市建筑垃圾管理及处置实践案例

李如燕*

摘　要：　随着经济的快速发展和城镇化进程的加速推进，建筑垃圾的产生量不断增加，造成了极大的环境污染和资源浪费，其资源化处理工作迫在眉睫。昆明市因地制宜、因时制宜，科学规划和合理布局了规范性和过渡性两种建筑垃圾处置场所用于消纳和资源化城市建设中产生的建筑废弃物。其中，规范性建筑垃圾处置场所主要采用固定式与移动式相结合的技术资源化处理利用废混凝土、废砖、废砂灰等建筑废弃物，而过渡性建筑垃圾处置场所主要以回填、复垦、覆土绿化形式消纳弃土和淤泥等工程弃土。实践表明，昆明建筑垃圾管理经验和示范项目的实施，从根本上解决了昆明市建筑垃圾的处置问题，具有现实意义。

关键词：　建筑垃圾　资源化处理　规范性　过渡性　示范项目

一　案例背景

随着我国现代化建设步伐的加快，国家可持续发展战略的推进和环境保护力度的进一步加大，节能、减排、降耗，发展循环经济，建设生态文明将

---

* 李如燕，博士，固体废弃物资源化国家工程研究中心常务副主任/研究员，研究方向为材料循环。

是今后我国经济建设发展的首要目标。随着经济社会的快速发展和城镇化进程的加速推进,一方面,新建筑不断涌现;另一方面,大量的建筑垃圾不断产生。据统计,目前建筑垃圾占城镇垃圾总量的30%~40%①。建筑垃圾资源化关乎社会的可持续发展,是我国发展循环经济和低碳经济的重要组成部分。

从2010年开始,昆明市实施城中村改造工程,计划用5年时间完成城中村5000多万平方米各类建筑物的拆迁目标,每年将产生建筑垃圾700多万吨;同时,昆明市交通线路改造工程和大规模城市建设也将产生大量的建筑垃圾,因此需要尽快对这些建筑垃圾进行科学处理。

目前,昆明市面临着生活垃圾、生活污水、建筑垃圾、工业废渣和特种垃圾等的处理难题,生活垃圾、生活污水、工业废渣和特种垃圾的处理工作已经得到高度重视,政府投入大量的人力、物力和财力进行处置,形成了规范化的处理模式。而对数量巨大的建筑垃圾的科学处理工作还没有得到足够的重视,由于没有固定的处置场所,建筑垃圾乱堆乱倒现象时有发生。长期以来,昆明市建筑垃圾的处理大多采取扔掉、填埋等简单粗放的处置方式(见图1、图2),这种处理方式的危害主要表现在以下几个方面。

①占用大量土地资源:据测算,平均每万吨建筑垃圾占用一亩土地②。

②影响市容市貌:昆明市城乡接合部部分地区建筑垃圾违规倾倒现象时有发生,严重影响城市面貌。

③对环境造成严重污染:建筑垃圾不经过任何处理被简单填埋,其中的化学物质不仅会污染地下水,而且会破坏填埋区域的土壤结构,导致地表沉降和下陷。

④浪费了大量的可再生资源:建筑垃圾隐含巨大的再利用价值,实际上是一座巨大的"城市矿山"。将其填埋浪费了大量的可再生资源,因此急需

---

① 胡应明:《建筑垃圾资源化利用存在的问题与对策》,《墙材革新与建筑节能》2013年第11期,第46~47页。

② 张海涛、马来运、白建敏:《建筑垃圾作为混合材在水泥生产中的应用》,《水泥》2018年第4期。

科学有效的方法对其开发利用。

昆明市委、市政府对新昆明建设产生的大量建筑垃圾所造成的环境污染和资源浪费极为重视，多次召开会议，专题研究建筑垃圾资源化处理问题，并决定先建立一个建筑垃圾资源化处理示范工程，以点带面，形成行之有效的建筑垃圾处理、管理和运行模式。

图1 建筑垃圾临时消纳场

图2 建筑垃圾不规范处置情况严重

二 政策解读

建筑垃圾管理及资源化产业要稳定健康地发展，在市场竞争中形成比较优势，政策导向非常重要。我国在建筑垃圾管理及资源化工作中，存在不同程度的政策不配套、落实不到位等问题。昆明市在建筑垃圾管理及处置实践过程中吸取了相关国家和地区的经验教训，根据《城市建筑垃圾管理规定》《云南省城市建设管理条例》《昆明市城市市容和环境卫生管理条例》《昆明市城市垃圾管理办法》等规范性文件，出台了《昆明市城市建筑垃圾管理办法》，从源头产生、中转运输、消纳处置、资源化利用等环节加强建筑垃圾全过程监管，确保建筑垃圾消纳处置工作的平稳有序开展，整个管理流程更具可操控性。

（1）建设单位、施工单位或拆迁单位必须在工程开工前5个工作日内就有关批准文件、处置计划、建筑垃圾产生量和性质等向所在辖区城市管理综合行政执法部门提出建筑垃圾处置申报，处置申报获得批准后才能开展后续工作。

（2）建筑垃圾的产生量计算标准如下。

①房屋拆除工程建筑废弃物计量：砖木结构按0.63立方米/平方米计量，砖混结构按0.71立方米/平方米计量，钢筋混凝土结构按0.79立方米/平方米计量，钢结构按0.16立方米/平方米计量。

②构筑物（包括桥梁、公路、支砌体等）拆除工程建筑废弃物产生量等于实际体积（立方米）×1.51。

③房屋主体施工产生建筑废弃物量等于单位建筑面积废弃物量×建筑面积，其中建筑面积为施工图中的建筑面积，单位建筑面积废弃物为：砖混结构按每平方米0.04立方米、钢筋混凝土结构按每平方米0.02立方米计算。

④工程弃土计量（包括基础、道路、管沟等建设工程）等于（工程开挖体积−回填体积）×1.2。

（3）建设单位、施工单位和拆迁单位应首先满足自身工程建设的回填需求，扣除回填量后如实申报清运处置量，遵守减量化原则。

（4）实行"两证、一书、一卡"的管理规定。"两证"指《昆明市建筑垃圾运输核准证》和《昆明市建筑垃圾消纳处置核准证》，"一书"指《昆明市市容保洁责任书》，"一卡"指《昆明市运载建筑垃圾车辆排放、处置备案卡》。

①《昆明市建筑垃圾运输核准证》按发展计划进行总量控制、有限度适度的核发。从事建筑垃圾运输业务的单位须取得市城市管理综合行政执法部门核发的《昆明市建筑垃圾运输核准证》。建筑垃圾运输企业实行等级管理，根据运输企业违规行为记分情况评定，分为甲、乙、丙三个等级，每年度进行一次等级评定。本年度评定为甲级的建筑垃圾运输企业，下一年度建筑垃圾运输车辆的增加数量不予限制；本年度评定为乙级的建筑垃圾运输企业，下一年度建筑垃圾运输车辆的数量将受到计划性控制，年度增加数量控制在 15 辆以内；本年度评定为丙级的建筑垃圾运输企业，下一年度建筑垃圾运输车辆的增加将受到限制。《昆明市建筑垃圾运输核准证》实行年审制度，不得买卖、转让。

②只有取得由市城市管理综合行政执法部门核发的《昆明市建筑垃圾消纳处置核准证》的单位才能在昆明市辖区内从事建筑垃圾消纳处置业务。该业务可分为建筑废弃物资源化利用消纳处置和工程弃土消纳处置。建筑废弃物资源化利用消纳处置场地及其经营单位专项接纳和处置建筑废弃物，不得接收其他城市垃圾，并将建筑废弃物无害化处理后加工成建材或产品投入市场。工程弃土消纳处置场及其经营单位专项接纳和处置工程弃土，并利用工程弃土合理填埋、堆放，覆以培植土进行植树造林。《昆明市建筑垃圾消纳处置核准证》核准期限为一年，期满需申请延期。

③建设业主单位与辖区城市管理综合行政执法部门签订《昆明市市容保洁责任书》。

④建设业主单位处置、外运建筑垃圾前必须取得由市城市管理综合行政执法部门核发的《昆明市运载建筑垃圾车辆排放、处置备案卡》。《昆明市运载建筑垃圾车辆排放、处置备案卡》所载内容为建筑垃圾产地、类别、

运输线路、运输期限、消纳处置场地、运输车牌号、承运单位等，其运输时限为7天，到期后可延期换卡。

（5）实行建筑垃圾清运联单制度，建筑垃圾应当按照规定的路线、时间、装载要求运输至指定的处置场所，并取得处置场所的核销凭证。

（6）运输建筑垃圾车辆应具有道路运输经营许可证、车辆行驶证，并按要求统一涂装，安装顶灯、专用号牌、尾门保险钩和GPS等，在货箱尾部加装建筑垃圾运输车辆专用号牌。拉运建筑垃圾时密闭盖板闭合后不能超出车厢板20厘米，否则被视为违规。

（7）建筑垃圾清运处置遵循"谁产生、谁负责、谁付费"的原则。建设业主单位通过招标方式确定具备资质的建筑垃圾承运企业，与承运企业签订《承运协议》，并承担工程建设中所产生建筑垃圾的运输和处置费用。

（8）居民装饰施工产生的建筑垃圾应堆放在物业管理部门指定地点，物管部门选择有资质的承运企业，与其签订《承运协议》，付费给承运企业运输到指定的建筑垃圾消纳场；无物业管理单位的，由装饰施工业主付费给有资质的承运企业收集清运。

（9）因道路条件限制等，经市城市管理综合行政执法部门批准，可采用小型车辆以包裹或袋装方式运输建筑垃圾，并按程序办理《昆明市运载建筑垃圾车辆排放、处置备案卡》。

（10）建筑垃圾消纳处置场规划布局。

从规模来说，我国城市大致可分为五类：特大城市，如北京、上海、广州等；大型城市，如多数省会城市、计划单列市、经济特区城市等；中等城市，如多数设区的地级市；小型城市，如多数县区；建制乡镇，如多数乡、镇、街村。不同类型的城市建筑垃圾的产生特征和规模不同，其治理方式也不同。但是，我国在建筑垃圾治理和资源化方面采取"一刀切"或"抓大放小"的简单模式，重视特大城市、大中型城市的建筑垃圾治理，没有充分重视小微型城市的建筑垃圾治理，没有细分市场，没有做到因地制宜。实际上，许多中小城市、建制乡镇等也存在严重的建筑垃圾治理问题，城乡接合部问题严重，美丽乡村建设受到严重干扰。

　　昆明市建筑垃圾处置设施的规划充分考虑城市特征，突出因地制宜的思想，根据建筑垃圾的产生量及时空分布，兼顾现实与长远，把建筑垃圾处置场所的规划布点分为规范性和过渡性两种：在昆明的东郊、西郊分别建立规范性的建筑垃圾资源化处理示范工程项目，在官渡区、盘龙区、五华区、西山区、呈贡新区分别设置过渡性建筑垃圾处置场。实现了全市建筑垃圾资源化处理项目和消纳处置场的科学布局。

　　具体规划情况见表1，相关规划均已实施。

表1　昆明市建筑垃圾处理规划与布点

序号	名　　称	处理规模(年)	性质	辐射范围	处置方式
1	东片区建筑垃圾资源化处理示范工程	200万吨	规范、长久性	官渡区、盘龙区、经开区、呈贡区	建筑废弃物资源化处理,制成建材及其制品
2	西片区建筑垃圾资源化处理工程	200万吨	规范、长久性	五华区、西山区、高新区、度假区	建筑废弃物资源化处理,制成建材及其制品
3	官渡区过渡性处置场	70万吨	过渡性	官渡区	工程弃土回填、复垦、覆土绿化
4	盘龙区过渡性处置场	30万吨	过渡性	盘龙区	工程弃土回填、复垦、覆土绿化
5	五华区过渡性处置场	40万吨	过渡性	五华区	工程弃土回填、复垦、覆土绿化
6	西山区过渡性处置场	60万吨	过渡性	西山区	工程弃土回填、复垦、覆土绿化
7	呈贡区过渡性处置场	50万吨	过渡性	呈贡新区	工程弃土回填、复垦、覆土绿化

　　①以废混凝土、废砖、废砂灰为主的建筑废弃物运到规划布点的规范性处置场所进行资源化处理利用，以弃土、淤泥为主的工程弃土运到各区指定的过渡性处置场所进行回填处置，最后覆土绿化。

　　②为满足不同性质、规模和区域的建筑废弃物资源化处理需求，规范性

建筑废弃物资源化处理项目一般配备有固定式、半移动式和移动式处理设备和相应的技术手段。

③在过渡性建筑垃圾处置场所，弃土、淤泥主要以回填、复垦、覆土绿化形式被消纳，覆土深度不小于 2 米，绿化达到园林部门要求。

（11）制定相应政策鼓励在建设工程中优先使用建筑废弃物资源化产品。住建部门将利用建筑垃圾生产的新型建材纳入新型墙体材料范畴；建设业主及招标单位应在标书中明确提出采用建筑垃圾资源化材料及产品的要求、数量和价格；设计部门在建设工程设计中在满足设计要求前提下优先采用建筑垃圾资源化建材及产品，特别是在市政道路结构层的设计中。

由政府投融资和由社会投资的建设项目使用建筑垃圾资源化产品替代天然资源产品，其替代使用量分别不得少于 30% 和 10%。

（12）建筑垃圾资源化处理采用政府主导与市场化运作相结合的方式，坚持科学规划、示范先行、合理布局的原则。

（13）建筑垃圾资源化处理是一个系统工程，投资较大，生产链长，涉及面广，影响力大，但可借鉴的经验少，所以昆明市决定在东郊和西郊分别建立工艺水平、装备水平和管理水平先进的建筑废弃物资源化处理示范工程，通过示范工程的运营，探索适合昆明市建筑垃圾资源化处理的适用技术、标准规范、运营模式、配套政策等，逐步降低以回填和填埋方式处置建筑垃圾的比例，以新型的资源化处理基地代替传统的消纳场；尽快建立建筑垃圾清运调剂的市区两级体系和建筑垃圾处置收费标准及收费体系，实现全市建筑垃圾规范化处置率达 100%、资源化利用率达 90% 以上的目标。

三 案例介绍

昆明市城市管理综合行政执法局作为政府职能部门，负责辖区内建筑垃圾资源化处置管理工作，牵头与专业化的建筑垃圾资源化处理环保公司签订了"昆明市建筑废弃物资源化处理示范项目合作协议"，确定了示范工程项目业主单位。协议明确由项目业主单位投资建设并运营昆明市建筑废弃物资源化处理示范项目，政府以土地划拨方式提供项目建设用地，并负责将建筑垃圾免费运送到项目场地。

1. 昆明市建筑垃圾资源化处理示范工程项目定位

（1）定位于建筑垃圾资源化的高利用率，消除因建筑垃圾堆放带来的滑坡、崩塌等安全隐患，同时减轻城市垃圾处理负担。

（2）定位于改善生态环境，修复或改善因建筑垃圾随意倾倒和简单填埋造成的生态环境破坏。

（3）定位于节约天然资源，通过建筑垃圾资源化生成再生骨料、墙体材料、道路材料等建筑、工程材料。

（4）定位于为建筑垃圾资源化全产业链提供示范，纵向建立从建筑的拆除到建筑垃圾的产生、运输、资源化、再生产品的生产和应用的全产业链；横向依托所在的昆明静脉产业园区，带动生活垃圾、餐厨垃圾、装备制造等关联和支撑行业的发展。

2. 昆明市建筑垃圾资源化处理示范工程项目概况

项目主要用来规范处置、合理利用建筑废弃物，运用先进可靠的资源化处理技术，高标准、高起点地建立建筑废弃物资源化处理基地，以固定式处理与移动式处理相结合的方式，将建筑废弃物生产成新型道路、新型墙体材料及制品，带动昆明市建筑废弃物减量化、资源化、无害化工作的开展，促进昆明市建筑废弃物资源化产业链的形成和发展。

项目所采用的技术方案如下。

第一，建筑废弃物品质。

一般情况下，因拆除各种建筑物而产生的建筑废弃物的组成基本相似，主要包括各种碎砖块、混凝土块、废旧木料、废瓦、废金属及少量装饰材料等。但其中各成分所占比例和被拆除物的结构类型息息相关：若被拆除物是砖混结构，则其建筑废弃物以碎砖为主；若被拆除物是框架结构或全现浇结构，则其建筑废弃物以混凝土块为主。

根据实地调研，昆明市城市建设中所形成的建筑废弃物成分以红砖

（黏土砖、页岩空心砖）、混凝土块（砌块、预制板）和砂浆块（砌筑黏接层、内外抹灰层）为主，见表2。

表2 昆明地区拆除建筑物构成情况

序号	项目	砖混结构	框架结构	砖木结构	钢结构	其他（主要是土木结构等）	合计
1	面积（万平方米）	2408	1370	754	110	358	5000
2	所占比例（%）	48.16	27.40	15.08	2.20	7.16	100

第二，资源化处理技术工艺流程。

与天然材料相比，建筑废弃物具有孔隙率高、表观密度低的特性。在适当处理后，利用建筑废弃物制备的再生建材材料与天然建筑材料相比具有比重低、抗震性能好等特性。建筑废弃物进行资源化处理后，制备成再生骨料，可以在一定程度上用来取代天然材料制备墙体等材料。项目技术方案工艺流程见图3。

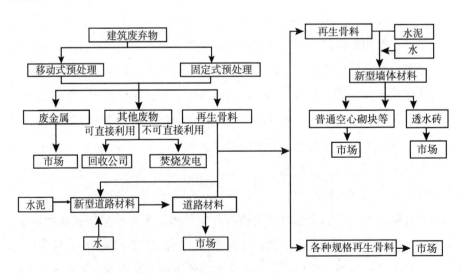

图3 建筑废弃物资源化处理工艺流程

第三，产品规格及指标。

建筑废弃物在预处理工艺工段，经过人工分拣、破碎、磁选除铁、二级筛分,制成五种再生骨料(见表3)。

将建筑废弃物加工成新型墙体材料(新型透水砖、普通混凝土小型空心砌块)、道路材料生产需用的骨料(见图4~图6),其产品性能指标参照国家标准《建筑用砂》(GB/T 14684-2001)和《建筑用卵石、碎石》(GB/T 14685-2001)的相关指标要求。

表3 主要产品及技术参数

序号	产品名称	规格及技术参数
1	1#新型再生骨料	37.5~60mm
2	2#新型再生骨料	19~37.5mm
3	3#新型再生骨料	9.5~19mm
4	4#新型再生骨料	4.75~9.5mm
5	5#新型再生骨料	0~4.75mm

图4 建筑废弃物再生骨料

图5 用建筑废弃物再生骨料制备的混凝土实心砖和空心砌块

图6　建筑废弃物再生骨料用于道路材料

四　项目为行业发展做出积极贡献

依托昆明建筑废弃物资源化处理示范项目，多项行业、地方标准得以编制，主要包括：中华人民共和国城镇建设行业标准《再生骨料地面砖和透水砖》（CJ/T－4002012）、地方标准《昆明市水泥稳定建筑废弃物再生骨料筑路材料制备及道路施工技术指导规范》、地方标准《建筑废弃物再生骨料实心砖技术指导规范》。

建筑垃圾作为城市废弃物的主要组成部分之一，涉及推进绿色城镇化、加快美丽乡村建设、推进节能减排、加强环境保护、推进循环经济发展等国家战略的实施，因此，建筑垃圾资源化具有重大的现实意义。

昆明市建筑垃圾管理及处置实践以及昆明建筑废弃物资源化处理示范项目的实施、运营，从根本上解决了昆明市建筑垃圾的处置问题，是国内最先实行"城市矿山"行动计划的样板工程，对促进循环经济发展和环境保护具有现实意义。

B.5
赤泥处置及综合利用

于春林　李　博*

摘　要： 本文首先通过对赤泥及其综合利用技术的介绍，发现赤泥综合利用技术存在成本高、工艺复杂、经济效益较差、处置量小、与其排放量不成比例的问题，然后根据赤泥处置存在的问题对一综合价值较高的工艺路线进行分析阐述，认为赤泥在被资源化利用的同时可产生可观的经济效益并实现产能突破。

关键词： 赤泥　资源化　综合利用　价值

一　赤泥简述

（一）赤泥介绍

赤泥是铝土矿生产氧化铝加工过程中产生的污染性废渣。每生产 1 吨氧化铝，平均产生赤泥量为 1.0～2.0 吨[1]。我国是世界上最大的氧化铝生产国和消费国，生产量占全球的 39%，消费量占 45%[2]，已形成世界最大的氧化铝工业体系。

---

* 于春林，高级工程师，目前主要研究领域为固废、危废的处置与资源化利用，长期从事环保产业研究与实践；李博，工程师，江苏经纬盛世腾云再生资源股份有限公司董事长，长期从事冶金及固废资源化方面的研究及实践工作。
[1] 薛生国：《赴澳大利亚学术交流总结》，https://wenku.baidu.com/view/c6b337a977a20029bd64783e0912a21614797ffc.html。
[2] 同上。

（二）赤泥的主要危害①

①占用大量土地资源。我国从 1954 年开始进行氧化铝加工以来，主要氧化铝生产基地赤泥泛滥、堆积如山，在浪费土地资源的同时，也消耗了大量场地建设费和维护管理费。2016 年我国部分地区氧化铝产量占比见图 1。

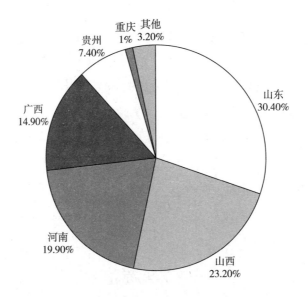

图 1　2016 年我国部分地区氧化铝产量占比

资料来源：智研咨询《2017～2022 年中国氧化铝市场供需预测及投资战略研究报告》，https://www.chyxx.com/research/201612/481586.html。

②对土壤和水体造成污染。赤泥中的主要污染物质是碱、氟化物、铝及钠等，如果暂存措施不当，极易对地下水造成污染。

③扬尘危害环境。露天堆存赤泥的表层裸露形成粉尘随风飞扬，严重污染大气、恶化生态环境，影响动植物生存。

④存在潜在环境风险。赤泥堆场坝体裂缝、渗漏、滑坡及雨季洪灾等涉

---

① 菊利：《浅析减少赤泥对环境危害的途径与方法》，中国论文网，https://www.xzbu.com/1/view-6048634.htm。

及坝体稳定，可能造成环境污染，以及人员、建筑物被埋压，尤其是赤泥坝溃坝将对环境造成严重破坏，影响深远，可能危及人的生命和财产安全。

（三）赤泥现状

2015 年，我国赤泥的堆存量在 3.5 亿吨以上[1]，赤泥的综合利用率只有约 4%。

（四）相关政策[2]

①《产业结构调整指导目录（2011 年）》（2013 年修订）中第一类鼓励类第三十八类中环境保护与资源节约综合利用，"第 27 条：尾矿、废渣等资源综合利用；第 28 条：再生资源回收利用产业化"。

②国家发改委关于加快构建循环型产业体系中"2015 年循环经济推进计划"：推进资源综合利用，实施资源综合利用"双百工程"，重点开展工业固废产业废物综合利用，培育一批示范基地和骨干企业。

二 赤泥综合利用技术

1. 赤泥用于烟气脱硫[3]

赤泥颗粒细小、比表面积大，其有效固硫成分对 H_2S、SO_2、NO_2 等主要大气污染物有较强吸附能力和反应活性，可代替废气处置中经常使用的石灰。

由于赤泥中含有溶解性的碱，废气净化效果更佳。国内外研究表明，赤

---

① 《工业和信息化部 科学技术部 联合印发〈赤泥综合利用指导意见〉》，工信部联节〔2010〕401 号。

② 《工业和信息化部 科学技术部 联合印发〈赤泥综合利用指导意见〉》，工信部联节〔2010〕401 号。

③ 贾帅动、董继业、王博：《氧化铝赤泥进行烟气脱硫有效性分析》，《化工技术与开发》2013 年第 8 期，第 67～69 页。

泥的烟气脱硫效率可达80%以上，赤泥制备的脱硫剂用于城市煤气净化系统，H_2S的脱除率可达98%以上。赤泥脱硫技术已在山西某氧化铝企业75吨锅炉获得成功应用。

2. 赤泥修路技术①

该技术是以赤泥、粉煤灰和石灰、少量外加剂为原料，将其运于生产性能优良的新型赤泥道路基层。2005年中铝集团在淄博一条4公里长的道路中首次使用赤泥作为路基，达到石灰稳定土一级和高速路路基的强度要求。这是国内第一个将赤泥用于公路项目的案例，总共消耗赤泥2万余吨。截至2018年，赤泥用于道路路基的项目已实施几十项，不仅成本低、性能优良，而且节省了大量黄土资源，具有广阔的市场发展前景。

3. 赤泥做免烧砖

赤泥粉煤灰免烧砖研究的工作正在进行中，就是以赤泥、粉煤灰为主要原料，经预混、陈化、轮碾、搅拌、压制成型等工艺处理，将砖坯自然养护15~28天后达到终强度。用赤泥粉煤灰制造的免烧砖，其性能可达到MU15级优等品的行业标准。但因为一直无法解决赤泥中碱出现的"泛霜"现象，该技术目前无法产业化应用。

4. 赤泥制备烧结砖技术②

赤泥烧结砖与免烧砖的不同之处就是赤泥经过高温烧结，性能方面更稳定，产品更多样化。赤泥在制备烧结砖时，需要加入辅料主要是黏土等，坯料配方中赤泥的加入量为40%~60%，产品烧成温度1160~1170℃。制备出的瓷质外墙砖产品质量符合GB/T 4100-2006《陶瓷砖》要求。

5. 利用赤泥生产水泥③

烧结法生产氧化铝所产生的赤泥，由于含有大量的硅酸二钙等水泥矿物

① 朱强、齐波：《国内赤泥综合利用技术发展及展望》，《轻金属》2009年第8期，第8页。
② 李小雷、翟二安、陶丰：《利用赤泥研制低温快烧瓷质外墙砖》，《企业技术开发》2010年第3期，第11~12页。
③ 于健、贾元平、朱守河：《利用铝工业废渣（赤泥）生产水泥》，《水泥工程》1999年第6期，第34~36页。

成分，可以用来生产水泥。由于赤泥中还含有钛化物等物质，在熟料烧成过程中起到矿化作用，加之硅酸二钙的晶种作用，熟料的烧成温度降低。这种利用赤泥生产的普通硅酸盐水泥具有抗折强度高、早期抗压强度高和增进率低及抗硫酸盐侵蚀性能好等特点。

综上，从国内外赤泥综合利用及发展趋势看，总体上，现有的综合利用技术存在成本高、工艺复杂、经济效益较差等缺点，而且大部分技术对赤泥处置量小，与其排放量不成正比。

三 赤泥管理创新模式

江苏经纬盛世腾云再生资源股份有限公司于 2018 年 2 月开始运行两条标准的再生能源回收生产线，每条生产线年处理赤泥约 40 万吨，年处理量约 80 万吨，回收还原铁 20 万吨。主要工序包括原矿混料、压球、球料烘干还原、磨选、精粉压块、尾矿脱水等，其中磨选和尾矿脱水两个工序是利用原生产企业现有的设备生产，其余自建。

项目赤泥主要成分占比见表 1。

表 1 项目赤泥主要成分占比

成分名称	含量（%）	成分名称	含量（%）
水分	21.50	氧化镁	0.41
全铁	45.14	氧化钙	1.16
二氧化硅	2.81	硫	0.04
三氧化二铝	13.18	磷	0.08

（一）工艺流程简述

1. 烘干脱水压球工艺

将氧化铝厂的赤泥汽运到厂区原料库，生产时用铲车运入烘干窑进行烘干。天然气通过管道输送到烘干窑的燃烧室，燃烧烟气温度较高，需要通过风机引入大量空气，在配风器中与高温烟气配成350℃左右的热风，再通过烘干窑烘干物料。热风经过与窑内物料交换热量，排出烘干窑时温度降为70℃左右，尾气经布袋除尘和脱硫塔处理后高空排放。烘干后物料含水量15%左右，筛分后经胶带输送机输送到混料前的三仓给料的其中一个料仓。三仓给料中的三个料仓装载的物料分别为脱水后的赤泥、还原剂、黏合剂，物料均匀送入输送皮带。还原剂是粉煤，主要成分是碳，在磁化焙烧时充当还原剂。输送皮带将以上三种物料放入搅拌机，搅拌均匀后通过一条胶带输送皮带将物料输送至压球机，将物料压制成直径50毫米的椭圆形球料，球料含水量控制在16%左右。

2. 球料还原焙烧工艺

压球机压制的椭圆形球料经过两条胶带输送机输送到两条链箅烘干机，将球料烘干。链箅机是一种履带式传热设备，球料通过辊式布料机均匀分布在链箅机尾部箅床上，随着运行链的传动，箅床载着球料缓缓前进，回转窑排出的高温尾气穿过链箅机的料层对生球加热，从而完成脱水、预热等工艺过程，预热后的球料进入回转窑继续焙烧。

烘干后的球料经链斗输送机运入两台还原窑，在1250℃的还原气氛中进行深度还原，热源为天然气。回转窑出料口后设置焙矿冷却水池，900℃的球料出窑后直接推入冷水池中，通过水淬使焙矿迅速降温至<50℃，由抓斗门机捞出，汽运到磨矿选别车间。冷却池中大量的水汽化为水蒸气，被风机引到高空排放。从回转窑排出的尾气通过余热回收管道系统送回链箅机作为热源。

3. 磨矿选别工艺

强制冷却后的球料汽运到磨选车间的料仓中，经过两台给料机均匀送入胶带输送机，由皮带输送入格子式球磨机磨矿。磨矿需补充一些水（回用水），使矿浆浓度在65%左右。一段球磨机配有磨头筛，筛下的细粒度矿浆流入分级机分级，粗粒度物料返到二段溢流式球磨机磨矿。二段球磨机和分级机形成开路磨矿。分级机溢流的矿浆和二段球磨经渣浆泵送入磁选机甄别，选出的还原铁合金粉矿浆（铁品位>90%，浓度35%）经一台渣浆泵由矿浆管路输送到沉淀池沉淀脱水,脱水后含水量约 12%。脱去的水进入回水池输送回磨矿车间参与磨矿生产。

磁选精选工作流程:在水流作用下,矿浆矿粒呈松散状态进入槽体。在磁场的作用下,磁性矿粒发生磁聚,形成"磁团"或"磁链",被吸附在圆筒壁上,交替旋转排列。由于磁极交替产生磁搅拌现象,夹杂的非磁性物质在翻滚中脱除,最终被吸在圆筒表面的就是铁精矿。精矿转到磁系边缘磁力最弱处,在冲洗水作用下非磁性和弱磁性矿物质留在矿浆中被排除,即尾矿。

4. 还原铁合金粉脱水压块工艺

脱水后的还原铁合金(含水量 12%)从原生产企业沉淀池被汽运到脱水烘干窑,送入烘干窑烘干至含水量 <1%(出窑温度 <55℃),经冷却机降温至 <35℃后,由刮板输送机和定量给料装置均匀分布给压片机进行压块作业。压片机压制的还原铁合金块由称重设备称重后装入包装袋内,由板式输送机输送到仓库储存,最终被销售。

5. 尾矿脱水制砖工艺流程

两段磁选尾矿由一台渣浆泵经矿浆路输送到浓缩机内浓缩脱水,上部溢流水自行流入浑水池,由浑水泵给入球磨机作为磨矿用水。底流浓缩尾矿(浓度 50%)由一台渣浆泵经矿浆路输送到尾矿脱水车间,尾矿矿浆经盘式过滤机脱水。脱水后的物料含水量约 12%,经胶带输送机输送到尾矿制砖系统。

从生产流程(见图 2)可看出,该项目赤泥选铁工艺流程步骤少、工艺简单、三废污染产生量少。生产中精粉铁品位达 90%。综上所述,此技术方案工艺流程相对简单,选铁效率高、能耗较低,真正实现了赤泥资源化利用,"吃干榨净",没有二次污染。

(二)项目综合效益分析

①环境效益:大大降低环境污染,减少赤泥堆存量,赤泥粉尘及对地下水的污染得到有效控制。

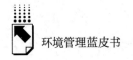

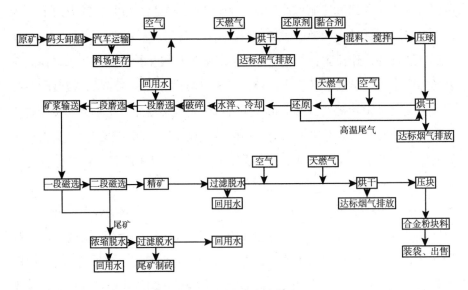

图 2 项目生产流程

②经济效益：年营业收入约 5 亿元，上缴税收约 2800 万元，项目投资财务内部收益率大于基准内部收益率，项目财务效益较好。可直接提供就业岗位 300 个。

③社会效益：减少土地占用，节约矿产资源，消除安全隐患。

本技术路线符合产业政策鼓励类要求，采用清洁生产工艺，能耗相对较低，在行业内能起到示范作用，对于固废行业发展有积极促进意义。本技术将带动国内赤泥再利用产业的发展壮大，对其推广有利于促进氧化铝行业良性、健康与快速发展，并具有深远的社会意义。

四 结论和建议

（一）结论

第一，本技术以赤泥为原料，在还原剂煤炭的作用下，高温焙烧还原铁，再用磁选机选出铁，精铁粉中铁品位达 90% 以上，从而实现赤泥再利用。所用工艺高效、节能、污染小。对照国家《产业结构调整指导目录(2011年)》(2013年修订),项目属于目录中的鼓励类,符合国家和江苏省废物再利用产业政策、行业规划要求。

第二,随着我国氧化铝工业的发展,氧化铝工业产生的废渣赤泥量将逐年增加。目前,我国对赤泥的综合利用率不足10%,尚有大量的赤泥亟待处理。项目对80万吨赤泥进行再利用,使用还原剂将其中的铁还原出来再利用,同时矿渣送去制砖厂制砖,对赤泥进行了真正的综合利用,充分体现了清洁生产、循环经济的理念。其产品铁合金中铁的品位达90%,具有较好的市场前景。项目适应氧化铝工业发展需求,产品适应市场需求,有广泛的发展空间。

第三,本项目总投资3亿元,经初步财务评价,年营业收入约5亿元,上缴税收约2800万元,项目投资财务内部收益率大于基准内部收益率,项目财务效益较好。

综上,项目符合产业政策,通过对技术、节能、环保、安全、经济效益等方面的考察可知,项目具有示范性和可推广性。

此技术缺点:不适用赤泥中铁含量较低(低于10%)的赤泥资源化利用(其经济性较差)。

(二)赤泥综合利用建议[①]

第一,赤泥脱碱技术成本高是制约其在水泥及建材行业规模化生产的最主要的因素,采用经济合理的技术有效降低碱对建材制品性能的影响,是实现赤泥资源化利用的关键。

第二,要充分利用周边资源,将赤泥处置与建材、钢铁、电力等行业相结合,最终实现"循环经济"的可持续发展。

第三,进一步完善技术,将赤泥中含有的铝、铁、硅、钛、钪等金属进行提炼,提高赤泥的经济性。

---

① 刘福刚:《赤泥综合利用技术应用回顾与展望》,《化学工程师》2011年第6期。

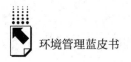

第四，充分重视综合利用后赤泥产品的市场地位，不断出台新的行业标准、产品标准，建议政府给予政策支持，更好地实现对赤泥产品的销售，保证社会资本的盈利空间，实现环境与行业共同发展。

第五，赤泥综合利用应该以减少赤泥产生为主，辅以开发高附加值产品，实现多途径综合利用，朝循环经济、资源综合利用产业发展方向前行。

赤泥处置建议采用多种工艺联合方案，合理规划，分批处理，合理布局固废产品与市场的关系。

附 企业简介

江苏经纬盛世腾云再生资源股份有限公司坐落于江苏省南京市，是一家专门从事工业固废再生资源综合循环利用的投资控股型公司，以循环经济为理念，于2018年3月挂牌新三板。展望未来，公司将以与时俱进的开拓精神，为我国工业固废再生资源综合循环利用产业的可持续发展和生态环境保护贡献力量。

目前已投入运营的全资子公司——江苏新世寰宇再生源科技有限公司已投产两条标准赤泥回收生产线，年回收工业固废综合循环利用量80万吨以上，生产直接还原铁约20万吨，二次固废可生产市政工程材料、新型建筑材料及装配式建筑材料50万立方米。

循环利用篇

Recycling

B.6

基于循环经济模式的退役动力
电池梯级利用实践研究

摘　要：　本文分析和总结了深圳市雄韬电源科技股份有限公司（简称
　　　　　"雄韬"）及其子公司深圳市云雄能源管理有限公司为应对车
　　　　　用动力电池退役带来的环境污染，实现退役电池的循环利用，
　　　　　在动力电池梯级利用技术和商业化模式等方面进行了一系列
　　　　　探索，以期为动力电池梯级利用提供有益借鉴。

关键词：　动力电池　梯级利用　循环利用

* 高鹏然，东南大学应用化学专业博士，深圳市雄韬电源科技股份有限公司研发总监，深圳市
　云雄能源管理有限公司总经理。

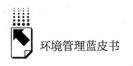

一 动力电池梯级利用背景

随着现代化工业的发展，传统燃油汽车导致的环境污染问题日益突出。为解决环境污染问题，自 2009 年起，国家正式启动新能源汽车发展战略布局。近年来，新能源汽车市场逐渐扩大，而电池作为其配套设施，将迎来大量退役。退役电池如处理不当，将影响人类与环境的和谐发展。为顺应新能源汽车的可持续发展，我们应当遵循"边开发，边保护"的规划原则，为电池退役期的到来做好充分准备。

（一）政策法规体系

随着新能源汽车的快速发展，动力电池产、销量逐年攀升，未来必将面临大量电池退役的情况，退役电池若处理不当，将会带来极其严重的环境污染问题。

为此，国家出台了一系列相关政策。

2012 年 7 月 9 日，由国务院发布的《节能与新能源汽车产业发展规划（2012~2020）》明确要求制定动力电池回收利用管理办法，建立健全动力电池梯级利用和回收管理体系。

2014 年 7 月 21 日，《国务院办公厅关于加快新能源汽车推广应用的指导意见》要求研究制定动力电池回收利用政策，鼓励采用押金、强制回收等多种方式加快回收，并建立健全废旧动力电池循环利用体系。

2015 年 3 月 26 日，工信部发布《汽车动力蓄电池行业规范条件》，规定系统企业应同汽车整车企业研究制定可操作的废旧动力电池回收处理、再利用方案。

2016 年 12 月 19 日，国务院发布《"十三五"国家战略性新兴产业发展规划》，要求以绿色低碳技术创新和应用为重点，引导绿色消费，推广绿色产品，大幅提升新能源汽车和新能源的应用比例，推动新能源汽车、新能源和节能环保等绿色低碳产业成为支柱产业。

2016 年 12 月 26 日，环保部发布《铅蓄电池生产及再生污染防治技术政策》，修订《废电池污染防治技术政策》。其中，《废电池污染防治技术政策》明确要求废电池污染防治应遵循闭环与绿色回收、资源利用优先、合理安全处置的综合防治原则。

2017 年 12 月 1 日，《车用动力电池回收利用拆解规范》（简称《拆解规范》）开始实施。这是国内首个关于车用动力电池回收利用的国家标准。《拆解规范》对废旧电池回收利用的安全性、作业程序、存储和管理等方面提出了严格要求，在一定程度上规范了我国车用动力电池的回收利用及拆解、专业性技术及动力电池回收体系，有望解决行业性发展难题。

2018 年 2 月 26 日，工信部和环保部等七部门联合印发《新能源汽车动力蓄电池回收利用管理暂行办法》，以加强新能源汽车动力蓄电池回收利用管理，规范行业发展，推进资源综合利用。紧接着，3 月 5 日，七部门又联合印发《关于组织开展新能源汽车动力蓄电池回收利用试点工作的通知》，提出在京津冀、长三角、珠三角、中部区域等选择部分地区，开展动力电池回收利用试点，并以试点为中心，向周边区域辐射。

虽然我国已出台了多项政策扶持产业发展，但产业体系仍待进一步完善。

其一，健全动力电池回收利用体系。督促汽车生产企业尽快建立回收渠道，进一步落实生产者责任延伸制度。

其二，建立落实动力电池产品溯源体系。追溯系统的应用将提高环保部门对退役电池的管理水平，规范退役电池流向，落实污染责任延伸制度。

其三，进一步完善动力电池回收及梯级利用行业标准体系建设，支持行业、地方、团体制定相关标准。

（二）面临的环境问题

在环境污染严重、节能减排压力大等背景下，我国政府将发展新能源汽车作为解决能源及环境问题、实现可持续发展的重大举措，新能源汽车产业得以快速发展。根据中国汽车工业协会发布的数据，2017 年新能源汽车产、销量分别为 79.4 万辆和 77.7 万辆；2018 年 1~8 月，新能源汽车累计产、销分别完成 60.7 万辆和 60.1 万辆，同比分别增长 75.4% 和 88%。我国已经连续三年成为全球新能源汽车产销第一大国。而得益于新能源汽车市场的繁荣发展，动力电池产业开始异军突起。我国新能源汽车动力电池装机量在 2017 年达到 36.24GWh，同比增长约 29.4%①。概而论之，动力电池容量衰减到 80% 以下，便不能满足新能源汽车的使用要求。考虑到动力电池的使用年限为 5~8 年，且中国新能源汽车在 2014 年进入产业化应用，2018 年开始我国新能源汽车动力电池进入退役阶段。由于动力电池退役后，仍有 70%~80% 的容量可使用，若直接进行资源化回收，将造成极大浪费；同时若不能及时回收处理，也会对造成二次污染，使环境问题更加严重。

退役锂电池包主要存在以下环境污染问题。

• 水污染：锂电池正极材料里含有镍、钴、锰、锂等重金属元素，这些重金属元素会对水等造成污染。

• 粉尘污染：锂电池负极材料里含有碳材、石墨等，会造成粉尘污染。

• 电解液有毒：电解液由有机溶剂和锂盐组成。有机溶剂一般有 PC、EC、DEC、DMC、DME 等，其中 DMC 存在轻微污染，其他均没有毒性；锂盐中包含六氟磷酸锂，遇水会水解生成氟化氢，有毒。

• 白色污染：锂电池的外壳（塑料壳和铝塑膜）、隔膜（聚烯烃类的微孔薄膜）及黏结剂（丁苯橡胶、聚偏氟乙烯）是白色污染。

日常使用中的电池，若没有发生破损，便不会对环境产生影响。但电池经过长期使用磨损后，内部有害物质会泄漏，进而渗进土壤、污染水源，对人类健康造成影响。

在这样的背景下，必须及时对退役电池进行回收处理，而梯级利用能高效地利用废旧电池的价值。动力电池梯级利用主要是指根据车用退役动力电池实际状况，经过测试、筛选、重组等，将仍有使用价值的电池二次使用于低速电动车、UPS 电源、通信基站储能等运行工况相对良好、对电池性能要

---

① 前瞻产业研究院：《2010—2017 年中国新能源汽车销量情况》。

求较低的领域，以提高资源利用效率，促进循环经济发展。通过对汽车使用后的动力电池进行循环使用，可实现动力电池成本降低30%~60%。

循环经济的核心是资源的高效利用和循环利用，其原则是"减量化、再利用、资源化"，符合可持续发展理念的经济增长模式，对解决中国资源对经济发展的制约问题具有迫切的现实意义，获得了广泛的关注和认可。因此，有必要基于循环经济视角，对动力电池梯级利用进行探索，使企业在资源节约、环境保护的基础上，实现经济效益和社会效益的最大化。

二 雄韬动力电池梯级利用案例分析

为减少退役电池对环境的影响，满足新能源汽车的可持续发展需要，雄韬秉承绿色生态环保理念，在退役电池回收、拆解生产、梯级产品销售方面进行了实践研究（见图1）。

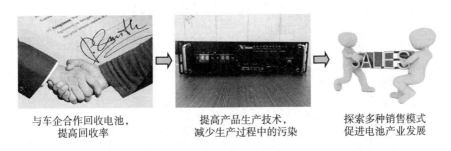

与车企合作回收电池，　　提高产品生产技术，　　探索多种销售模式
提高回收率　　　　　　减少生产过程中的污染　　促进电池产业发展

图1　雄韬在退役电池回收、拆解生产、梯级产品销售方面的研究

首先，雄韬公司与整车企业签订退役电池供应协议，收集电池包。其次，对电池包进行检测、处理，在确保外观完好、没有破损、各功能元件有效的情况下，将筛选重组后的电池梯级利用在通信、储能等领域，或者公园景区的短距离电动场地车、游览车、高尔夫球车上，作为低速电动车的动力源；将梯级电池以租赁、销售、换电等方式提供给客户。最后，将从低速电动车或储能设备上二次淘汰下来的电池，再进行回收、拆解、生产，形成良好的循环利用模式。

（一）与车企合作，提高电池回收率

主要是与汽车生产企业进行合作，建立回收网点，以线上与线下相结合的方式形成电池回收网络，并基于电池的实时在线监控系统，实现对物联网内回收资源的实时监控及全程溯源，提高回收率，减少退役电池被随意丢弃的隐患。

目前，雄韬电池实时监控系统平台采用了如下解决方案。

由数据中心平台、应用软件系统、终端设备构成系统架构（见图2），旨在为终端设备提供全面的、安全的监控、管理服务。系统采用B/S网络架构模式。在B/S模式下，用户可以在任何地方进行操作而不用安装任何

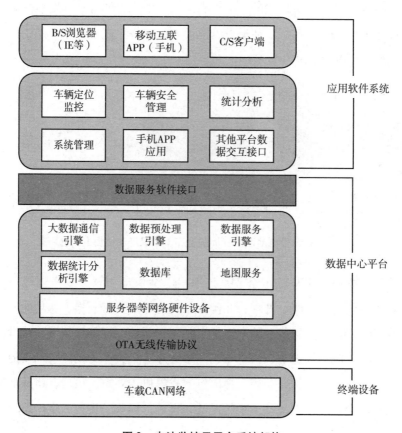

图2 电池监控云平台系统架构

专门的软件，只要有一台能上网的电脑就能使用。客户端零安装、零维护，系统扩展非常容易，为客户带来了极大的便利。

终端设备将采集到的设备的各种数据信息，包括设备数据状态、地理位置、电池电量信息、设备信号、设备状态（空闲或工作）、燃料电池信息以及电池运行参数信息等，发送到后台服务器记录存储及处理，使用户可以通过客户端实时监控所有设备的运行状态，统计分析设备的运行情况（见图3）。

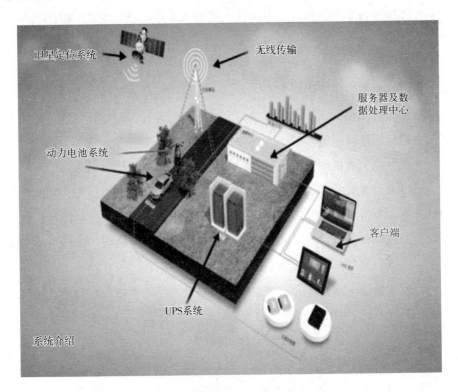

图3 终端设备联网数据系统

（二）提高产品生产技术，减少生产过程中的污染

动力电池梯级利用生产过程本身为清洁生产循环再利用，无工业用水环节，无生产废水排放，但会产生一定的固体废弃物，主要是原件的废弃包装

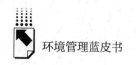

物等一般固体废物，以及过期、废弃的电池原料等危险废物。对于原件废弃包装物等一般性质的固体废物，雄韬会将其交给有运营资质的回收部门回收利用；对生产过程中产生的废弃电池原料等危险废物，则委托危险废物处理站对其进行拉运处理。梯级利用产品的生产过程对周边环境的影响不大。

同时，为了更好地减少产品生产过程中的环境污染，雄韬在产品生产技术方面进行了实践研究，旨在延长产品使用寿命，减少电池报废量，节约资源。

我国电池梯级发展的技术难点主要集中于电池的失效分析、剩余寿命检测、无损拆解技术等方面。针对这些发展技术难点，雄韬主要采取的技术方案如下。

（1）电池失效机理研究

电池性能失效的原因很多，主要可分为内因与外因两类。内因主要与电池材料性能衰减相关，如电池容量的衰减、电解液锂含量的降低等；外因主要与电池应用环境相关。

● 电性能失效机理分析

可以采用 XRD、SEM、TEM、ICP 等常用测试手段，结合 EIS 等电化学测试方法，分析电池性能失效机理。由于退役电池在不同工况使用过，电池失效的原因多种多样，对可能引起电池失效的环节，可按照图 4 所示步骤进行逐一排查，找到电池失效的主要原因并进行分析。

电池容量是电池性能的重要指标，也是电池性能失效检测的重点，可采用 EIS 阻抗测试、XRD、SEM、TEM、ICP 等测试手段，结合电性能测试逐一分析梯级电池容量衰减/失效的原因和机理。

如图 5 所示，电池容量衰减甚至失效的原因很多，可从正负极电极（包括活性材料、黏结剂、导电剂）、电解液、隔膜等方面进行分析。

● 可靠性测试失效机理分析

梯级动力电池的大规模使用，除了需要关注电池电性能外，还要十分重视电池的安全性。自锂离子电池广泛投入使用以来，安全事故频发。锂离子电池的安全性已成为其应用领域扩展的主要瓶颈之一。考虑到电池的材料体系、制造过程一致性等多方面因素，对锂离子电池进行安全性检测尤为重

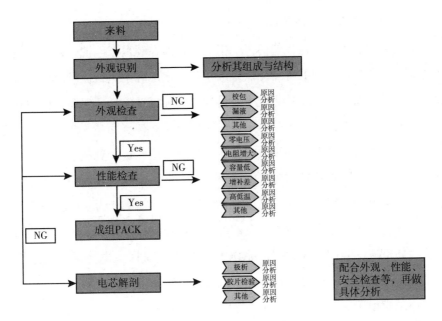

图4 电池失效主体原因排查

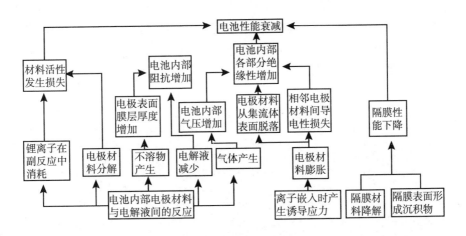

图5 电池容量衰减性能失效分析

要。常见的可靠性测试项目有过充电、热冲击、针刺、挤压、高温短路、重物冲击等。研究分析各种锂电池测试项目失效的原因有助于提高电池的安全性。

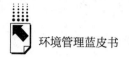
（2）循环寿命预测技术

电池寿命是衡量电池性能的重要指标，目前在锂离子电池的研发、检测和选型过程中广泛使用的寿命测试方法是在一定工况下进行循环测试。目前测试锂离子电池循环寿命的标准一般是参照国际标准，循环寿命预测的基本流程为退役梯级电池大数据分析→提出模型→建立初步寿命预测模型→修正寿命预测模型→验证退役梯级电池循环寿命。但是，这个测试过程非常缓慢且造成大量的测试资源被占用，因此需要开发出一种能快速预测电池寿命的方法。对于退役梯级动力电池来说，其电池容量、功率能力、内阻都已发生不同程度的变化，三个参数与寿命不仅不是直接的线性关系，还受多种因素影响，如电流、温度、储存时间、DOD 等。因此对梯级电池的寿命进行预测更难。可基于大数据分析，建立基于容量变化和阻抗特性的退役梯级电池寿命预测模型。

（3）PACK 无损拆解及设备研制

电池拆解是先把电池包拆解成电池模块，再拆解成单体电芯，拆解流程见图6。可根据不同 PACK 结构的电池包进行无损拆解工艺探索，尤其是激光焊接方式的无损拆解，与设备供应商联合开发拆解设备，最大限度地减少拆解对电池的损坏。

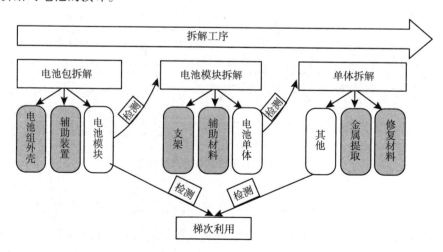

图6　退役电池拆解流程

（三）商业化模式

目前，雄韬公司针对不同的应用市场，主要探索的商业模式为租赁、销售和换电模式。下一步计划探索动力电池生产的标准化和模块化，以降低回收成本，提高经济效益。

（1）租赁模式

电池租赁因可以分期付款，可随时购买、退订，使用成本低，获得了购买能力有限用户的广泛支持。同时，电池供应商拥有专业的电池维护团队对电池进行维护，既延长了电池的使用寿命，又降低了用户在使用电池过程中的安全隐患。整体而言，电池租赁业务是将高频使用造成的电池早衰和低频使用带来的资源闲置进行了再平衡，非常符合建设资源节约型社会的理念。

雄韬公司综合此部分群体所需，通过与租赁点合作的方式推出"以租代售"模式，即通过出租取代出售的方式，先向客户收取一部分押金，然后定期收租金。这样有利于延长电池使用年限，降低用户采购成本，可达到共赢的目的。

（2）销售模式

销售模式的目标客户群是家庭储能、商业储能，这部分群体的特征是需要每日充电。

（3）换电模式

换电模式的目标客户群是低速、微型电动车群体。此模式适合有固定里程的应用场景，可以完美解决工具车辆运营受限的问题。

（四）雄韬实践案例

以下将介绍雄韬公司设计开发的梯级产品、电池实时在线监控管理系统、上位机 UART 通信情况。

1. 主要梯级产品及研发情况

（1）低速车梯级应用领域

据山东汽车工业协会统计，2012 年至 2015 年，山东省低速电动车保有量连续四年高速增长，同比涨幅分别达到196.4%、45.8%、54.4%、85.6%。2016年1～10月，山东骨干企业电动车产量达到47万辆，同比增长近50%。与目前低速车使用的铅酸电池相比，梯级锂电池因具备成本低、寿命长、能量密度大、体积小等优点，拥有更广的市场前景（见图7、图8）。

图7　60V20/40Ah在低速车领域的应用

图8　60V100Ah电动环卫车应用

（2）通信基站储能梯级应用领域

据中国铁塔股份有限公司统计，该公司在全国范围内拥有180万座基站，备电需要电池约54GWh；60万座削峰填谷站，需要电池约44GWh；50万座新能源站，需要电池约48GWh。合计需要电池约146GWh。以存量站电池6年的更换周期计算，每年需要电池约24.3GWh；以每年新建基站10万座计算，预计新增电站需要电池约3GWh。合计每年共需要电池约27.3GWh。由此来看，铁塔基站储能电池需求量巨大，符合梯级利用电池大规模使用的特点，将成为梯级利用电池应用的主要领域（见图9）。

48V50/100Ah

通信储能基站

图9　48V50/100Ah 铁塔通信储能基站应用

雄韬公司与中国铁塔等公司共同制定了由中国通信企业协会在2018年7月正式发布的《通信用48V磷酸铁锂梯次电池组技术要求和检验方法》《通信用梯次电池管理系统（BMS）要求》《通信行业梯次利用锂离子动力电池经营企业管理规范》三项动力电池梯次利用标准。

（3）UPS备用电源梯级应用领域

ICTresearch发布的《2017～2018年中国UPS产品市场年度报告》的数据显示，2017年中国UPS市场略有上升，市场规模为41.21亿元，同比增长0.6%；UPS产品销量112.63万台，同比增长1.5%（见图10）。

（4）家庭储能系统梯级应用领域

家庭储能系统通过梯级动力电池储供电能，其运行不受工商供电局供电压力的影响。针对城市中的峰谷计费，家庭储能系统的解决方案为利用低谷时段梯级动力电池进行储能，高峰阶段则由电池供电给家用电器，以达到持续稳定地为家庭用户提供能源的目的（见图11）。

（5）集装箱储能系统梯级应用领域

集装箱储能系统具备占地面积小、安装运输方便、建设周期短、环境适应能力强、智能化高等优点，可满足大型工业用户离岛发电及电网侧对于后

192V50Ah

Ups电源

图10 192V50Ah UPS 备用电源应用

336V60Ah

家庭储能

图11 336V60Ah 家庭储能应用

备电源及削峰填谷的节能需求，从而为节省企业开支、使投资方收益稳定，更为国家电力稳定发展提供了有力支持（见图12）。

（6）叉车用梯级应用领域

叉车主要应用于厂房内部或厂区内，与电动汽车相比，叉车工况简单，所需功率低。将不能满足电动车性能要求的动力电池系统进行拆解、筛选、重组后梯级利用应用于电动叉车领域，部分替代传统的铅酸电池作为动力源，可实现电池的资源化利用（见图13）。

2. 电池在线监控管理系统

（1）电池通信、管理、控制介绍

电池在线管理系统可将检测到的电池数据（如电压、电流、电量、温

图 12 集装箱储能系统应用

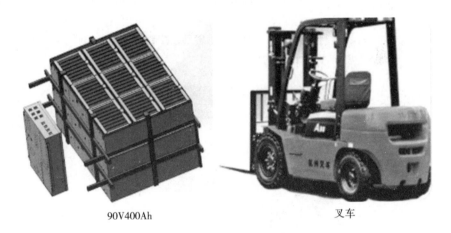

90V400Ah   叉车

图 13　90V400Ah 叉车应用

度、位置等）通过 GPS + GPRS 模块发送并存储到云端，而且可以通过手机 APP 进行电池定位、租赁支付、电池状况（如过压、欠压、过温、过流、SOC、预估里程等）查询，服务后台可以对所有电池进行管理、定位、实时和历史数据展示（如总压、单体电压、电流、温度、告警等），如图 14 所示。

（2）手机 APP 端监控信息界面

详见图 15。

3. 上位机 UART 通信

BMS 可以通过 UART 接口与上位机进行通信，从而在上位机端察看电

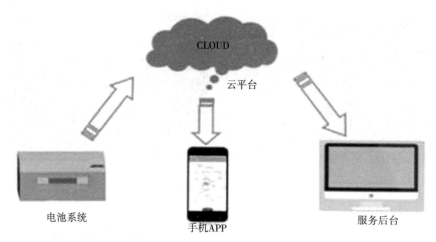

图 14　电池通信、管理、控制

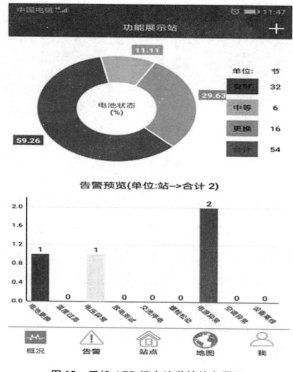

图 15　手机 APP 端电池监控信息界面

池的各种信息，包括电池电压、电流、温度、状态、SOC、SOH及电池生产信息等，可进行参数设置及相应控制操作，支持程序升级，默认波特率为9600kbps。

三 简要评价

动力电池梯级利用可以带来一定的经济效益、环境效益和社会效益。

● 经济效益：动力电池梯级利用因具备成本低、性能强的特点，将其应用在适合的场景，生产商和消费者都能获得良好的经济效益。

● 环境效益：降低能源消耗和二氧化碳排放，提高行业节能减排能力，减少环境污染。车用旧电池梯级利用实现了资源的二次利用，极大地减轻了电池行业发展带来的环境负荷。

● 社会效益：促进固体废弃物资源化应用绿色制造技术的开发，促进行业实现低投入、低消耗、低排放和高效率的节约型增长方式，使动力电池梯级利用产业进入良性发展轨道。同时，可增加就业机会和税收，有助于社会稳定。

雄韬公司在电池的失效分析、剩余寿命检测、无损拆解技术方面有较为完善的技术积累，实现了实时在线监控，对梯级电池产业的发展具有非常积极的推动作用。梯级电池产业有完善的循环产业链（电池包云平台评估－电池包收集－电池包拆解－梯级产品生产－销售/租赁－拆解回收），在动力电池梯级利用应用于低速车、通信、UPS、储能等领域时，雄韬研发出了相应的产品，至今运行良好。实践证明，雄韬的电池回收模式、商业模式具有可复制性和可推广性。

目前，动力电池报废量较少，尚未形成成熟的商业模式，企业开展梯级利用具有一定的难度。我国梯级利用技术仍不成熟，梯级市场仍需要更多企业投入，积累相关技术经验并进行验证。未来，为保证梯级产品品质，不仅需要企业积极探索研究相关技术，也需要国家进一步完善相关标准，加快建立电池回收体系，构建回收体系产业链，以确保梯级利用工作顺利开展。

附　企业简介

深圳市云雄能源管理有限公司成立于2018年，是集团针对梯次利用进行的产业链战略性布局。公司致力于新能源领域储能、数据中心、备用电源、低速动力等能源管理及系统解决方案；针对动力电池退役后的能源综合利用，提供系统应用场景方案，为循环经济理念、建设资源节约型社会提供新的落地场景。

B.7
废旧钒钛系烟气脱硝催化剂
全元素回收循环新模式

王 强　刘继红　王丽娜　陈德胜　刘亚辉*

摘　要： 针对目前废旧钒钛系烟气脱硝催化剂（简称"废SCR催化剂"）再利用过程中存在的问题，我们开发了废SCR催化剂全元素回收循环新模式，并实现了工业化应用。从中分离出的钛渣可作为硫酸法钛白粉生产工艺的原料制备钛白粉成品，从而作为生产新鲜SCR催化剂的基本原料；钒离子制备高纯硫酸氧钒溶液，作为全钒液流电池的电解液使用；钨离子沉淀后可作为钨精矿进入钨产业链。整套技术将废SCR催化剂中质量分数占绝大多数的钛、钒、钨作为回收目标并实现了元素的循环利用，消除了重金属固废污染源。该模式不但回收了宝贵的资源，而且实现了废催化剂的无害化综合处置，消除了因丢弃或填埋而造成的严重环境污染和安全隐患，具有突出的环境效益和经济效益。

关键词： 废旧催化剂　危险固废　钛白粉　全钒液流电池　循环利用

* 王强，博士，沧州临港中钛科美环保科技有限公司，高级工程师，研究方向为工业固废处置方向；刘继红，本科，沧州临港中钛科美环保科技有限公司，高级工程师，研究方向为工业固废处置方向；王丽娜，博士，中国科学院过程工程研究所研究员，研究方向为钛白清洁生产方向；陈德胜，博士，中国科学院过程工程研究所副研究员，研究方向为钒钛磁铁矿处置方向；刘亚辉，博士，中国科学院过程工程研究所助理研究员，研究方向为钒钛磁铁矿处置方向。

一 前言

氮氧化物（NO_x）是空气中污染物的主要成分之一，我国氮氧化物的排放主要来自煤炭的燃烧，而火电行业又是燃煤大户，因此火力发电厂是氮氧化物的主要来源之一。选择性催化剂还原工艺（SCR）具有很高的脱硝效率和较低的氨逃逸率，而且工艺简单、自动化程度高，已在全球范围内成为烟气脱硝的首选工艺[①]。SCR 催化剂是该工艺的核心，以氧化钒为活性组分，以氧化钨（或氧化钼）为助催化剂，以二氧化钛为载体，组成了 $V_2O_5 - WO_3$ @ TiO_2 或 $V_2O_5 - WO_3$ @ TiO_2 的化学结构。SCR 催化剂的主要类型为平板式、蜂窝式和波纹式，其中蜂窝式 SCR 催化剂是最为常见的一种脱硝催化剂[②]。

SCR 催化剂通常需要定期更换，以保证其具有相对稳定的催化活性。根据推算，从 2016 年开始国内将连续稳定产生废 SCR 催化剂，而且产生量将逐年递增[③]。需要对脱硝催化剂进行定期更换的原因是其脱硝活性下降，脱硝催化剂失活的原因主要包括以下几个方面：①催化剂的烧结与活性组分挥发；②催化剂中毒（主要是碱金属及砷中毒）；③机械磨损；④催化剂的微孔堵塞。其中①和②不能通过物理方法处理，只能通过化学方法回收利用钒和钨钛。

当前我国 SCR 催化剂生产企业有三四十家（其中蜂窝式 SCR 催化剂是主要产品），2015 年总产能达到近 90 万立方米。根据环保部的数据，至 2015 年底，我国火电机组装机容量达到 9.6 亿千瓦。现阶段氮氧化物治理要求是：东部及其他地区省会城市单机容量 20 万千瓦及以上的现役燃煤机

---

① 徐晓亮等：《SCR 脱硝催化剂循环再利用的研究进展》，《绿色科技》2011 年第 6 期，第 6 ~ 9 页。

② 郝永利等：《烟气脱硝催化剂的回收利用工艺》，《中国环保产业》2015 年第 1 期，第 35 页。

③ 李俊峰等：《基于钒钛基 SCR 法废脱硝催化剂的回收利用》，《广州化工》2014 年第 24 期，第 130 ~ 132 页。

组必须实行脱硝改造，其他地区单机 30 万千瓦及以上的现役燃煤机组必须实行脱硝改造。因此，截至 2015 年底全国完成的脱硝实施工程总量达到 8.61 亿千瓦。根据燃煤机组脱硝催化剂需用量平均为 0.8 立方米/MW 计算，2016 年底前 SCR 催化剂的需求总量为 68.88 万立方米；到 2017 年，全国脱硝催化剂的总需求量在 80 万立方米左右，折合约 40 万吨，因此每年将会产生大量废旧烟气脱硝 SCR 催化剂。

自 2010 年起，火力发电厂需求的增加使国内迅速建设了一大批 SCR 催化剂生产企业，无序竞争和产能过剩导致 SCR 催化剂质量下降，更换周期已经显著缩短，因此废催化剂的产生量还会增加。

对废旧烟气脱硝 SCR 催化剂不加处置而肆意堆弃或填埋，一方面占用大量的土地资源，造成企业成本增加；另一方面催化剂在使用过程中吸附的有毒有害物质以及本身含有的部分金属元素会给环境造成严重危害；同时，废弃的催化剂中所含的有价元素不能实现再利用，也造成资源的巨大浪费。因此，对废 SCR 催化剂的再利用既可以变废为宝，还可消除一系列潜在的环境污染隐患，能产生可观的经济效益和社会效益。

二　国家政策法规

全面开展氮氧化物污染防治，要以火电行业为重点。我国实施《火电厂大气污染物排放标准》（GB13223 - 2011）之后，全国新建火电厂必须同步建设脱硝装置。由于废旧烟气脱硝 SCR 催化剂含有 V_2O_5、WO_3 等有毒金属及使用过程中聚集的重金属，根据国家环保部《关于加强废烟气脱硝催化剂监管工作的通知》（环办函〔2014〕990 号），废旧烟气脱硝 SCR 催化剂已于 2014 年列入《危险废物名录》（HW49 类）。从 2017 年 6 月 1 日起开始执行的增订新版危废名录要求所有废 SCR 脱硝催化剂的产生单位将其交由具有危险废物经营许可证（HW50 类）的处置单位进行处置。同时鼓励废烟气脱硝催化剂（钒钛系）优先进行回收处置，培养一批企业，尽快提高废旧烟气脱硝 SCR 催化剂（钒钛系）的再生、利用和处置能力。

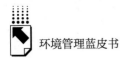
三 国内外实践现状

目前，国外已从废蜂窝式 SCR 催化剂中回收氧化钒、氧化钨、二氧化钛，并将回收来的有价金属加以高值化再利用。而国内对废 SCR 催化剂的回收意识形成较晚，最近执行的《火电厂烟气脱硝工程技术规范——选择性催化还原法》对蜂窝式废催化剂的处理方式为压碎后填埋。但因其含有氧化钒、氧化钨等重金属化合物以及在使用过程中吸附了其他有毒元素，属于危险固体废物，《固体废物污染环境防治法》"危险废物污染环境防治的特别规定"条例中规定，对危险固废必须进行申报和处置，且由产生危废的单位负担处置费用。据此，脱硝催化剂的使用单位（火电厂）和脱硝工程的实施和运行维护单位（脱硝工程公司）须承担处置废 SCR 催化剂的责任。如果对废催化剂进行填埋处理，不仅将占用大量土地，而且不能彻底规避有毒物质存在的环境污染风险，还将给处置方带来更大的经济压力。所以，填埋方式不是最理想的处理方法。同时，废 SCR 催化剂本身含有的钒、钨、钛都是宝贵的资源，如能将其回收，不仅可产生新的利润增长点，也符合《中华人民共和国循环经济促进法》中有关再利用和资源化产业模式的要求，同时还可达到烟气脱硝产业链中各种物质形成闭路循环的良好效果[①]。

我国废 SCR 催化剂的回收企业以催化剂生产厂家为主，其持有危废经营许可证的主要目的是销售其催化剂（环保政策是谁生产谁回收），而且处理量较小。这些厂家的处置技术工艺主要为废催化剂整体的物理或化学再生，其回收效率约为 40%，剩余 60% 废料仍然要委托第三方进行危废填埋处理；小部分企业采取焙烧 – 钠化 – 水浸 – 沉淀法、焙烧 – 钠化 – 萃钒 – 沉钨法、碱熔焙烧 – 碳氨沉淀法处置废催化剂，此类工艺属于环保产业淘汰与

---

① 曾瑞：《浅谈 SCR 废催化剂的回收再利用》，《中国环保产业》2013 年第 2 期，第 40 ~ 41 页。

限制类的高能耗工艺，且生产成本高、产品纯度低，同时存在废气、烟尘、废渣排放；现有个别小规模企业采用碱浸－化学沉淀湿法工艺处理废催化剂，但存在如下几个问题：在碱液浸出中加入过硫酸钠以提高钒钨的浸出程度，但是实际作用很小，非但不能显著提高浸出率反而增加了碱浸液中杂质的含量；反应过程中使用的碱的浓度远远高于反应所需量，且后续碱回收系统对碱液中杂质含量要求严格，处理成本高；忽视了中和除硅过程中硅对钒、钨的吸附作用，而硅渣中可溶性钒、钨的存在对环境构成了威胁，新的硅渣成为新的危险固废；原流程中没有明确的出水口，水只是循环使用，这实际上是需要进行研究论证的；未实现钒钨的有效分离，其仅作为粗产品销售，大大降低了这两种稀有金属的经济价值。

四　废旧钒钛系烟气脱硝催化剂全元素回收循环新模式

（一）新模式的特色

探索并实践出一条创新、高效、绿色、经济的废旧烟气脱硝 SCR 催化剂回收路线，是目前各处置企业所面临的巨大机遇和挑战。废旧烟气脱硝 SCR 催化剂全元素回收循环新模式依托湿法冶金清洁生产技术国家工程实验室的科技成果，实现了资源深度利用和水的循环，大幅度提高了资源利用率，同时实现了钒钨的有效分离，将经济效益与环境效益统一了起来。该工艺具有以下技术特征。

第一，机械活化可大幅降低碱的使用量，且反应条件温和，从而可以在碱液的处理方面考虑中和工艺。

第二，碱溶性含氧酸盐进入碱性溶液直接采用硫酸中和，得到硅渣，并保证钒钨不被吸附保留在液相。

第三，水内循环具有环境优势，工艺中的水出口只有一条，且全部在工艺内循环使用，提高了水资源利用率，并大大减少了废水排放量，从生产源头解决了处理废脱硝催化剂的重大环境污染难题。

第四，采用萃取工艺将钒和钨分离富集，大幅度提升了经济效益。

该模式围绕废催化剂中有价值元素的回收利用，研究低成本无污染的二次资源提取工艺，获得全套废催化剂的无害化综合回收利用工程化技术，在回收宝贵的钛、钒、钨资源的同时消除了重金属污染，实现了固体废渣减量排放并达到环保标准。

（二）新模式分析

1. 废旧烟气脱硝 SCR 催化剂的浸出工艺

重点开发了有价金属的高效活化浸取技术，通过加入活性添加剂，将钒钨活化并形成络合物，从而实现钒钨的高效浸出。同时，考察了废催化剂中钒和钨的共同浸取规律，重点研究了钒钨的浸出动力学特性，利用其浸出动力学差异，获得钒钨优先溶解工艺参数和技术的控制要点。了解了浸出过程中钛、钒、钨和杂质在浸出液和浸后渣中的分布规律，并掌握了各元素在废催化剂中的赋存形式。

2. 浸出液除硅技术

在废催化剂浸出的过程中，会有一定量的硅被溶解出来，而且会与钒钨一同沉淀下来，从而影响钒钨产品的纯度。新技术重点考察了硅在溶液中的存在形式，采用有针对性的工艺对硅进行单独分离，得到除硅技术的最佳工艺条件。

3. 浸出液中钒钨沉淀－萃取分离技术

废催化剂中钒含量为 4%～10%，钨含量为 1%～3%，远高于自然界钒钨矿资源的含量。本技术采用自主知识产权技术将除硅后浸出液中主要含有的钒钨元素，经过酸化－调节 pH 值－还原－萃取－反萃后将钒制备成高纯硫酸氧钒溶液，作为全钒液流电池的电解液，钨经沉淀富集后作为钨产业原料使用。

4. 工艺应用特色

在上面研究基础上，利用现有常规设施，对工艺进行放大及对经济技术参数进行整体优化，获得全套工程化技术，主要包括以下几个方面。

①对浸出过程中钒钨元素高效浸出工艺进行了放大试验验证和参数确定，重点考察工艺的稳定性，获得最佳工艺条件。

②解决除硅过程中的过滤困难问题，同时降低沉淀后硅酸盐的溶解度。

③解决了沉淀过程中元素分布不均的问题，优化了沉淀 – 萃取工艺。

④开展了整体工艺工程化技术和微量重金属固定技术产业化研发工作。

⑤解决了工艺运行过程中产生的污染问题，提出"三废"达标排放方案。

（三）下游衔接技术及主要元素循环模式

废旧烟气脱硝 SCR 催化剂经过碱浸、过滤后的钛渣（钛含量 > 85%）可作为硫酸法钛白粉生产工艺的原料，从而成为生产新鲜 SCR 催化剂的基本原料；废催化剂中的钒经过碱介质高效浸出后，得到含钒的碱性溶液，然后制备成高纯硫酸氧钒溶液，作为全钒液流电池的电解液使用；钨离子沉淀后可作为钨精矿进入钨产业链。

废旧烟气脱硝 SCR 催化剂全元素回收循环新模式见图 1。

五　经济环境效益分析

2015 年，国内生产 SCR 催化剂的企业总产能达到 90 万立方米，2017 年全国脱硝催化剂的总需求量大约合 40 万吨，大量的废催化剂等待处置。2016 年国内仅电力行业（不包含石化等其他行业）废旧烟气脱硝 SCR 催化剂的产生量就在 16 万吨左右，2017 年达 20 万吨左右。采用全元素回收循环新技术，每年可处理万吨废旧烟气脱硝 SCR 催化剂，可实现利润 7500 万元以上（不含全钒液流电池），具有可观的经济效益。

研发实践废旧脱硝 SCR 催化剂无害化回收工艺不仅可以变废为宝、回收宝贵的资源、带来良好的经济效益，而且可以减少重金属的排放，解决严重的环境污染问题，具有显著的环境效益，因此研究开发的意义重大。通过采用最新科研成果，广泛使用新技术、新工艺，可以建造国内首条全

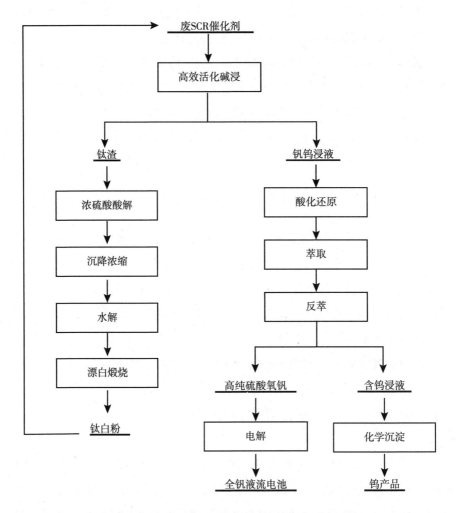

图1 废旧烟气脱硝 SCR 催化剂全元素回收循环新模式

新的废旧烟气脱硝 SCR 催化剂湿法清洁工艺生产示范线，解决环境污染问题和高效回收利用废弃物的有价元素，为固废行业树立样板工程和发挥示范效应。同时，该工艺对废旧烟气脱硝 SCR 催化剂进行无害化处理，实现其中的有价元素综合利用，完全符合当前的资源回收、循环经济、环境保护等大趋势。

附　企业简介

沧州临港中钛科美环保科技有限公司是集危险固废和一般性固废的研究、开发、生产与外售于一体的专业化环保企业。公司拥有多项自主知识产权，并与中科院过程工程研究所、清华大学、国电、大唐、华能、神华、航天科技集团等知名科研机构和大型企事业单位合作，以工业废催化剂及其他工业固体废弃物等为原料，开展有价元素回收处置业务。公司现有员工104人，其中河北省级创新团队成员15人，包括博士3人、硕士9人，6人具有高级职称。

B.8
资源化综合利用

——危废出路探索

何　洪[*]

摘　要：　成都源永科技发展有限公司长期致力于危险废弃物的资源化
回收利用，经过多年的实践，结合国内危险废弃物的产生特
点以及危废行业面临的挑战，提出了自己的发展理念，终于
探索出一条以技术研究和发展为中心、以源头了解及可用物
质回收和客户指导为重点的危险废弃物资源化综合利用道路，
指引公司向危废可持续发展道路前进，回收了其中可用成分，
避免了危险废弃物进入环境，造成二次污染。

关键词：　危险废弃物　资源化综合利用　可持续发展　二次污染

一　序言

《中华人民共和国固体废物污染防治法》规定，危废即危险废弃物，是
指列入国家危险废物名录或者根据国家规定的危险废物鉴别标准和鉴别方法
认定的具有危险特性的废物，凡具有以下特性之一的固体废物和液态废物，
均需要按危险废弃物进行处理：①具有腐蚀性、毒性、易燃性、反应性或者
感染性等危险特性的；②不排除具有危险特性，可能对环境或者人体健康造

---

* 何洪，大学本科学历，环境工程专业，成都源永科技发展有限公司副总经理，从事危险废弃
物资源化利用研发及管理工作。

成有害影响，需要按照危险废物进行管理的。

根据危废的特性，其危害主要表现在如下几点。

• 破坏生态环境。随意排放、贮存的危废在雨水、地下水的长期渗透与扩散作用下，会污染水体和土壤，降低地区的环境功能等级。

• 影响人类健康。危险废物可通过摄入、吸入、皮肤吸收、眼接触而引起毒害，或引发燃烧、爆炸等危险性事件；长期危害包括反复接触导致的长期中毒、致癌、致畸、致变等。

• 制约可持续发展。危险废物不处理或不规范处理处置所带来的大气、水源、土壤等污染将会制约经济的发展。

二 危废形势对环境的挑战

随着工业的发展和人民生活水平的提高，危废产生量逐年增长。据预估，2018 年全国危废产生量将超 1.1 亿吨。随着科技的进步，危废种类将不断扩增，同时，在危废管理过程中会因对某类物质的进一步认识而发现以往对危废类别的划分有不当之处，其中一部分可列入豁免类别，故危废名录也在不断变更①。总体来说，根据危废名录来划分和定义危废无法彻底解决现有问题。此外，由于中国对危废问题的认识较晚，环境保护意识不强，管理经验不足，国内危废混堆情况严重，危废分类困难，资源化综合利用难度较大。

面对当前的形势和挑战，成都源永科技发展有限公司（简称"源永科技"）迎难而上，于 2009 年加入危废行业，发挥自身优势，吸收国外先进管理经验和技术，结合国情对其进行优化，在危废管理和技术上不断改进和创新，在危废资源化利用方面做出了贡献。自进入危废行业以来，源永科技重点从以下几个方面着手，将危废资源化做到最优。

①重视前期调研和技术开发。

---

① 2016 版危废名录是 2008 版危废名录的升级版本。

②在摸索中发展，寻找适合自己的发展道路。

③深入分析危废资源化难题产生的原因，从源头解决问题。

④加快技术发展步伐，淘汰陈旧技术，开发科学的资源化技术。

三　结合国情，逐步解决危废资源化难题

在国内危废处理还以焚烧和填埋为主时，源永科技就本着危废也是资源的认识进入危废行业，以 3G（Green Design，Green Process，Green Regeneration）和 3R（Reduce，Recycle，Reuse）的服务态度和服务理念开启了危废资源化利用的征程。

（一）加大前期投入

基于对危废项目社会影响的深刻认识，为使后期项目的运营能给社会带来效益，真正做到资源化，源永科技从 2006 年到 2010 年踏实进行社会调研和技术研发。对危废的产地区域划分，危废产生的原材料及特性，危废的产生工艺，危废产生过程中可能带入的污染因子与其他物质以及其对原材料的影响，甚至较大产废单位的管理模式都进了调研，并对一系列调研结果进行分析，将当前国内与国际处理模式进行比较，探索最佳资源化技术，同时对资源化产品特性以及可还原和不可还原产品的后期使用方向和使用工艺进行了研究。经过近五年的不断摸索和技术优化，直到 2010 年该项目才投入运营。近八年的运营情况告诉我们，这一项目的成功运营得益于全面细致的前期调研和技术准备工作，这些前期工作不仅解决了很多后顾之忧，也避免了整个项目在危废资源化进程中夭折。而放眼当下市场，很多仅有运作资本的企业，为快速进入危废市场，未经任何前期调研，盲目移用现有的陈旧技术，很容易使项目夭折，既浪费人力、物力和财力，也影响了周边的环境，非但未给社会带来多边效益，反而加重了社会负担。

（二）以点到面的发展模式，逐步扩大规模

源永科技在进入行业之初，通过深入调研，分析国内危废行情，总结出

国内危废大体情况。

①产废单位危废意识薄弱，把危废当普通垃圾处理的情况较为普遍。

②产废单位危废混堆和污染情况严重，危废和普通垃圾混堆、多种危废混放情况大范围存在。

③产废单位分散。

④政府统一规划，合理划分危废处置行业属地，签发文件作为危废收置依据。

基于此，源永科技在处理类别和处理量上决定从单一种类小规模入手，在建设初期，四川省内市场对废漆渣和废溶剂处理的需求量近10000吨，而源永科技申请的年资源化利用量仅为1400吨，且类别较为单一，这样便于公司有足够的精力巩固资源化技术，同时在单一项目运营过程中可以做到精准化服务，更加深入了解某一种或几种危废的准确特性①，为后续单类别危废的技术改造、资源化能力的进一步提升以及产品应用打下良好基础。在2010年拿到危废经营许可证后，凭借长达5年的运营经验和技术积累，源永科技重新认识危废并不断进行技术优化，同时在此过程中投入了大量的资金和人力进行新技术的开发，终于于2015年再次立项进入工业污泥资源化综合利用领域，并从最初的单一领域成功跨越到其他危废领域。同年，源永科技在原基础上进一步加大危废资源化利用量并重新立项，扩大了资源化类别和提高了公司的经营业绩，为社会和环境保护做出了应有的贡献。

（三）专一发展，精准服务

为确保投产后公司有足够的能力和精力将危废项目运营好，源永科技引进了大批有丰富经验的员工参与管理，同时在前期立项阶段考虑了单一种类危废资源化立项，这样能分配出足够的人员进行定向跟踪，并将运营情况和前期调研情况进行对比，力求将项目做到精细化。在这个过程中，为将收回的物料真正做到资源化，公司在产废单位物料分类管理、专业技能培训和危

---

① 此处包括物理和化学特性。

废安全转运方面都做了大量的工作，并且在对基层员工进行专业培训的同时，通过不断引进环保专业人员进行定向培养来加强公司的人才储备力量。

（四）源永科技危废管理策略

作为危废处置单位，尤其是资源化再生利用单位，源永科技非常重视危废管理，并且本着对社会负责的态度，严格把控危废管理的每一个环节，避免给环境带来危害。源永科技在管理过程中摸索出了自己的管理策略并付诸实践，取得了良好的效益（见图1）。

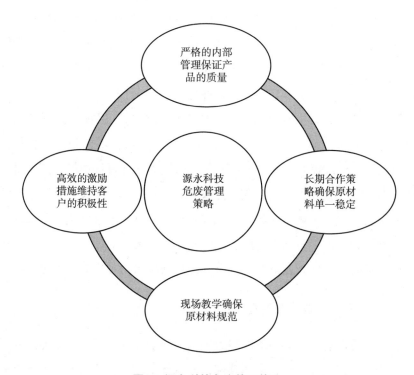

图1　源永科技危废管理策略

（1）与合作单位签订长期合同，制定长久合作策略

危废资源化利用的最大难题在于确保原材料的稳定性。国内的产废问题①

---

① 主要是产废单位环保意识薄弱，不同种类危废混堆，互相污染严重。

导致原材料单一、稳定性差，使国内大部分危废资源化再生面临困难，即使进行再生处理，得到的产品也可能是低端有缺陷的产品。对此，源永科技的策略是与合作单位签订长期合同，制订长久合作计划，淘汰劣质单位。不管是对危废原料供应厂家还是产品应用厂家，源永科技都制订了长久合作计划。之前危废原料供应方包括一些对危废管理不到位和对危废认识不足的企业，对此，源永科技投入人力和物力加强对产废单位进行培训，告知对方该如何对危废进行管理，给产废单位当免费环保管家，告知产废单位在产废环节该如何优化调整工艺，避免其他杂质进入。对于愿意接受公司危废原料控制要求的厂家，源永科技可以与其签订长期的危废处置协议；对于不愿意接受并且无法保证后续危废性状单一的企业，源永科技则根据其后期的改进情况与其逐年签订协议，或淘汰此类厂家。与此同时，与产品用户签订长期合作协议，根据客户对产品指标的要求定向收集危废，并将符合产品要求的产废单位作为第一优选客户，之后再协调此类客户优化现场管理，确保产品质量长期稳定并符合要求。

（2）危废管理现场教学

针对危废杂质含量高、原料不稳定等问题，源永科技从以下两方面展开工作。

● 针对客户：在项目新运行期，难免有客户环保意识弱，一时改正不了管理观念，源永科技安排人员到现场对客户进行管理培训，引入法律知识和专业管理知识，强调管理的重要性和必要性，同时进入客户危废库房进行现场教学，教会产废单位一线人员科学分类存放危废，保证危废原料的单一性和稳定性。通过此方法逐渐提高产废单位的管理意识，从而使原料稳定。

● 针对公司内部人员：树立强烈的环保意识，充分认识分类的必要性，派专业人员到客户现场进行专业知识讲解，同时定期对车间一线员工进行培训，要求做到现场分类清晰，对杂质进行严格筛选。对于公司内部无法处理但是混合在原料中收回的杂质，严格按照相关要求交有资质单位处理。

（3）激励大家做好分类管理工作

为获得洁净的原料，源永科技除安排工作人员进行现场专业知识讲解外，还采取了激励措施：对于能够长期做好现场管理工作的产废单位，公司将其作为优质客户对待，酌情减少其处置费用；长期合作单位中，在合作过程中管理工作有明显改善的，公司将其作为二等客户，逐渐减少其处置费用；对现场状况长期没有改善的客户，公司将其作为三等客户，增加其处置费用，并将其列入逐渐淘汰的企业名单；对于情况特别恶劣的单位，直接淘汰。源永科技采取此激励制度，主要目的是通过减少产废单位经济支出的方式来鼓励其把管理工作做好。同时对于公司内部的管理工作，则直接将其与员工绩效挂钩，这样能确保危废处置工作的顺利进行。

（4）公司内部操作

源永科技除出台相关制度外，还在内部运行操作上层层把关，包括原料分析和客户选择、物料的运输、物料的分选回收、处置结果的告知等。

• 原料分析和客户选择：在与客户签订协议之前，派销售人员和技术人员前往现场进行取样分析，同时与产废单位进行深入交流，详细了解危废的产生环节。除对样品进行相关指标分析之外，还对产废环节中可能带入的污染因子及客户现场管理情况进行分析，确定能否作为公司客户，并填写客户调查表供公司相关人员做最终决定时参考。只有原料分析和现场管理各项指标都符合公司要求的单位，公司才可与之签订合同；即使是对已签订合同的单位，公司在收回物料后也需要重新对每一批次物料严格按照规程进行取样、检测分析。

• 危废运输：源永科技坚持"让专业的人做专业的事"，一直都委托第三方有资质单位对危废进行运输。但是在装货和卸货过程中，公司严格把关，确保环保，避免"跑、冒、滴、漏"状况发生，同时在运输过程中公司安排人员进行押运，确保不会产生二次污染。

• 物料的分选回收：收回公司的物料进入库房后需严格进行分选，若收回物料与客户调查表不一致，无法达到公司指标要求，则将物料退回产废单位；若符合公司要求，在进入车间之前也需要严格分选杂质，将包装物等公司内部无法处理的物料分选出来交有资质单位处理。

• 处置结果的告知：源永科技在危废资源化综合利用过程中除严格按照

环保要求填写五联单外，还制定了客户告知卡和客户回访表。客户告知卡的作用是告知产废单位，从该公司收回的危废经过处理后得到了哪些产品，并将这些产品应用到了哪些领域，以让客户放心，同时也可供产废单位地方环保部门对危废进行追溯；而客户回访表的作用是通过回访了解客户对公司工作的满意程度，以增进交流，实现自我提升。

四　开发危废资源化可行性技术

源永科技自进入危废行业以来，一直坚持以技术推动发展的原则，不断创新，根据市场的需求淘汰陈旧设备和工艺，紧紧跟上时代发展的步伐。公司目前有三项专利技术，而且都已转化为生产技术，每年都为公司带来了可观的经济效益，同时每年减少了1400吨的危废排放与近800吨原材料的开发，较好地为社会减轻了环境压力。

第一项专利技术为"一种油漆废渣制备油漆原料的方法"，该技术主要是在对油漆废渣进行预处理和分类处理后，通过添加改性剂和添加剂在一定温度和压力下进行处理，从而将油漆废渣中的树脂和填料还原回收，并重新作为涂料生产的原料。第二项和第三项发明专利分别是"一种废溶剂再生利用的方法"和"一种水性涂料清洗剂废液再生利用的方法"，二者都是针对溶剂回收的专利。这两项专利将废溶剂的来源种类进行了区分，将溶剂型废溶剂和水性废溶剂进行分类处理，避免了相互污染。同时根据两种原料的不同，采用了不同的预处理和后处理工艺：废溶剂经过蒸馏回收后得到的混合溶剂应用到不同的领域作为原材料使用，更多的是回到原生产厂家，根据配方添加缺失部分再次投入使用；对于杂质含量稍高的混合溶剂产品，经过精馏后得到的单一组分产品可在多个领域使用。在溶剂回收过程中产生的蒸馏残渣，其主要成分为树脂和填料，混合有部分溶剂，此部分物料在漆渣资源化综合利用系统中进一步处理后可回收其中的树脂和填料，做到无残渣排放。对于在废漆渣和废溶剂资源化利用过程中产生的废气、废水和废渣，源永科技在项目建设初期就进行过充分的考虑，其中废水和废气在公司自建污

水处理站和废气净化装置进行处理后达标排放，废渣部分交由第三方有资质单位处理。

这三项技术在多年的运营过程中也在不断改进，源永科技一直将提高产品指标和处理效率以及降低能耗等问题作为思考的重点和努力的方向。经过多年的运营，已有新改进的产品在技改项目中得到了应用，能降低近30%的能耗。

在技术创新方面，源永科技一直都在努力探索，经过近8年的不断测试，其自主研发的工业污泥等离子气化技术已经转化为生产设备，并即将投入生产（见图2）。该技术是目前国际主推的危废处理终端技术，其主要工作方式为：利用等离子体瞬间产生的上万度高温，在缺氧条件下将二噁英等有机污染物快速裂解为小分子可燃气，此气体可作为燃料使用；重金属等无机污染物固化在熔融的玻璃体中，最终得到的玻璃体可作为路基、建材等使用。这项技术的优点是可处理大范围的危废，并真正实现危废的减量化、无害化、稳定化及资源化。

目前它主要用于工业污泥的资源化利用，可实现年处理8500吨工业污

图2 危废等离子气化过程

泥，与焚烧相比，等离子气化处理危废有极大的优势，能真正做到减量化、无害化和资源化（见表1）。待项目运行稳定后将对多种难处理危废进行测试，摸索出最佳参数后将正式用于其他危废资源化项目。

表1　危废等离子气化和焚烧对比

序号	名称	等离子气化	焚烧	备注
1	温度	炉内温度控制在1400℃以上，可根据需求调整温度，局部温度上万度	>850℃	
2	有机物	有机物气化为可燃气，可作为能源使用，有机物分解率100%	有机物在炉内燃烧，无法再次利用，而且有机物去除率很难保证	
3	无机物及有毒有害物质	熔融成玻璃体，做原材料使用，有毒有害物质包裹在致密玻璃体内，无毒性浸出风险	填埋处理，有毒有害物质需进一步固化，有毒性浸出风险	玻璃体毒性浸出结果符合GB5085.3 - 2007要求
4	飞灰	无飞灰排放	有飞灰排放	飞灰可二次进入气化炉进程熔融处理
5	二噁英	二噁英在高温下分解，无二噁英排放风险	二噁英无法完全分解，有排放风险	

五　行业展望

危废行业是一个特殊的行业，针对产量日益增长的危废，我们除了重视之外，还需要正确看待。危废是废物，同时也是待开采的资源，一味依赖传统的焚烧填埋技术，不仅容易引起二次污染，也会造成大量资源浪费。资源化利用是危废最佳处理方式，符合当下可持续发展的理念。源永科技希望通过自身在该领域的危废资源化探索实践，带动行业发展，变废为宝，通过资源化利用为危废找到最佳出路，为社会发展和环境保护尽自己的绵薄之力。

产业链管理篇

Industrial Chain Management

B.9
新中天危险废物全产业链管理

黄爱军　许桂连*

摘　要： 针对危险废物的危害及目前国内处置利用的现状和问题，新中天环保股份有限公司积极提升研发创新能力、运营管理能力、工程建设能力和环境支撑服务能力，从危险废物处置利用设备、工程建设到投资运营管理，从基础与应用技术研究到生产工艺改进，从危险废物焚烧处置到资源化综合循环利用，从咨询、托管运营服务到园区整体解决方案与环境管理支撑，打造了完整的危险废物处置及资源化全产业链。公司致力于危险废物的安全处置利用，有效实现危险废物污染与处置二次污染的减少，并积极提供国家法律法规/标准建设、

＊ 黄爱军，清华大学环境工程硕士，新中天环保股份有限公司及国家环境保护危险废物处置工程技术（重庆）中心总工程师；许桂连，北京化工大学化学工程硕士，国家环境保护危险废物处置工程技术（重庆）中心科技交流部主管。

应急处置、培训等环境支撑服务。新中天及合作伙伴积极为解决我国经济发展与环境污染的矛盾和实现可持续发展贡献力量，环境效益、经济效益和社会效益显著。

关键词： 危险废物 处置与利用 可持续发展 全产业链 新中天

一 危险废物的危害与处置利用

（一）危险废物的危害与处置利用现状

根据我国相关法规[①]，固体废物分为工业固体废物、生活垃圾、危险废物、农业固体废物等废物（见图 1）。其中危险废物也被称为有害固体废物，按照我国的法规、标准[②]，危险废物是指列入《国家危险废物名录》或者根据国家规定的危险废物鉴别标准和鉴别方法认定的具有腐蚀性、毒性、易燃性、反应性、感染性等一种或一种以上危险特性，以及不排除具有以上危险特性的固体废物。最新《国家危险废物名录》列入的危险废物一共有 46 类 479 种。

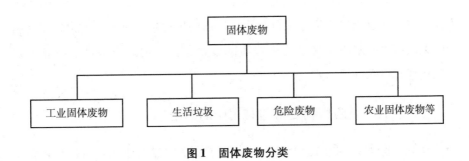

图 1 固体废物分类

---

① 《中华人民共和国固体废物污染环境防治法》。
② 《危险废物鉴别标准通则》GB 5085.7。

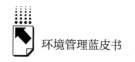
危险废物的污染具有隐蔽性、滞后性、累积性、协同性、连带性等特点，可通过各种渠道破坏生态环境和危害人类健康，且具有长期性和潜伏性，一旦爆发，将造成长久的、难以恢复的隐患，给人类的生存造成严重威胁，是全球环境保护的重点和难点问题之一。我国政府规定，危险废物处置与利用必须取得专门的危险废物经营许可证①。2016 年，最高人民法院和最高人民检察院联合出台了法释〔2016〕29 号《关于办理环境污染刑事案件适用法律若干问题的解释》，其中第一条规定，非法排放、倾倒、处置危险废物三吨以上的应当认定为"严重污染环境"；第六条规定，无危险废物经营许可证从事收集、贮存、利用、处置危险废物经营活动构成非法经营罪，造成严重污染环境的按照污染环境罪处罚；第七条规定，明知他人无危险废物经营许可证，向其提供或者委托其收集、贮存、利用、处置危险废物严重污染环境的，按照共同犯罪处理。

我国对危险废物的污染防治措施主要是处置与利用，其中处置是指废物焚烧和用其他改变废物的物理、化学、生物特性的方法或者将废物最终置于符合环境保护规定要求的填埋的活动；利用是指从废物中提取物质作为原材料或者燃料的活动。对危险废物的处置与利用应坚持"无害化、减量化、资源化"的废物污染防治原则，所有的处置与利用措施必须首先满足无害化的要求，其处置与利用的过程与污染物排放、利用产品必须满足我国的相关法规、标准；在无害化的基础上优先考虑废物减量化，然后对产生的危险废物考虑是否可以进行资源化再利用，对那些经过减量化、资源化处理后剩余的无法利用、富集了大量污染物质的废物考虑采用安全可靠的物化、焚烧、填埋等终端处置方式。

（二）我国危险废物处置与利用中的问题

改革开放以来，我国的经济发展获得了举世瞩目的成就，但是与之相伴的环境污染问题也日益凸显，这对我国经济的可持续发展造成了一定的威胁。

---

① 《危险废物经营许可证管理办法》。

首先，随着工业化进程的加快，危险废物的产生量迅速增加，根据我国的相关年报数据①，2011～2018年，我国危险废物产生量呈快速增长趋势（见图2）。2016年，据不完全统计，214个大中城市工业危险废弃物产生量3344.6万吨，综合利用量1587.3万吨，处置量1535.4万吨，贮存量380.6万吨，利用、处置、贮存的比例分别为45.3%、43.8%、10.9%。从行业来看，化学原料和化学制品制造业、非金属矿采选业、有色金属冶炼和压延加工业、造纸和纸制品业是我国危险废弃物产生的主要行业，其产生的危险废弃物占总产生量的70%。其中化学原料和化学制品制造业是危险废弃物产生量最大的行业，占总产生量的22%左右。

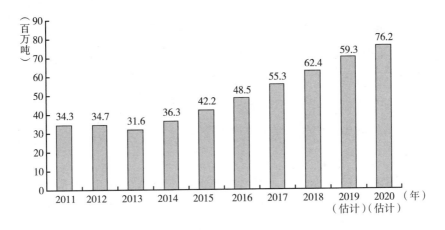

图2 我国危险废弃物产量及预估量

其次，长期粗放型的经济增长模式导致我国危险废物处置与利用方面的实际情况比较严峻。根据相关调查与课题研究结果，危险废物设施负荷率约25.4%，危险废物填埋场大部分存在泄漏现象②，危险废物焚烧厂尤其是医疗废物焚烧厂存在二噁英等尾气超标现象，危险废物综合利用领域也存

① 《2017年全国大、中城市固体废物污染环境防治年报》；中华人民共和国国家统计局：《中国统计年鉴（2017）》。
② 清华大学、中国环境科学研究院、新中天环保股份有限公司等国家环保公益性行业科研专项"固体废物处置设施环境安全评价技术研究"结果。

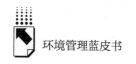

在二次污染严重、残渣处理不规范等现象。2016 年，环境保护部会同公安部联合开展了打击涉危险废物环境违法犯罪行为专项行动，共检查涉危险废物单位 46397 家，立案查处案件 1539 家，移送公安机关追究刑事责任 330 件。2018 年 5 月 9 日至 6 月底，为坚决遏制固体废物非法转移倾倒案件多发态势，确保长江生态环境安全，生态环境部组织了对长江经济带的"清废行动 2018"，对固体废物尤其是危险废物的监管逐渐成高压态势。

二　新中天的危险废物全产业链管理模式

新中天环保股份有限公司（简称"新中天"）是国内极少的具备危险废物处置利用完整产业链的专业化环保产业集团公司之一，从危险废物处置利用设备、工程建设到投资、运营管理，从基础与应用技术到生产工艺，从危险废弃物处置到循环利用，从咨询、托管运营服务到园区整体解决方案与环境管理支撑，新中天打造了完整的危险废物处置及资源化产业链（见图 3和图 4）。

①突出的研发创新能力。新中天在危险废物处置与利用的基础与应用技术研究、技术孵化方面，通过国家工程技术中心平台，实行自主创新、集成创新与引进创新相结合，包括引进消化吸收再创新世界领先的德国鲁奇能捷斯公司的危险废物焚烧技术，为我国的危险废物处置利用事业提供了多项国内领先技术，获得了环保部科技奖、国家重点新产品、国家重点环境保护实用技术等数十项荣誉，承担了多项国家/地方标准的制定、国家环境公益课题实施工作，并获得了 80 多项国家专利；此外还承建了重庆市二噁英实验室与重庆市危险废物处置工程实验室，为生态环境部、重庆市提供了良好的环境管理支撑。

②成熟的运营管理能力。新中天利用自身的综合能力为园区或产废企业量身定制危险废物处置及资源化综合解决方案，包括园区的整体解决方案，产废企业的清洁生产与环境管理服务，危废收集、贮存、利用、处置方案，

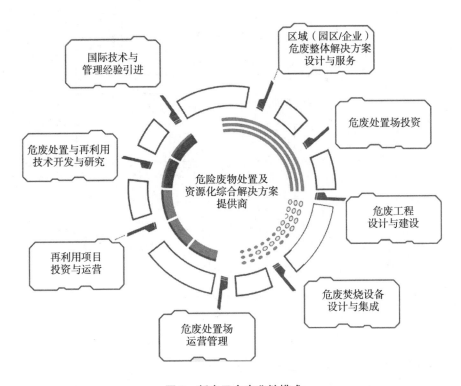

图3 新中天全产业链模式

如协助长安集团、国家级南京化工园区、国家级长寿经济技术开发区设计危险废物综合解决方案。在危险废物处置、利用场投资运营方面，新中天目前已经投运4个危险废物综合处置与利用场，筹建4个处置场。其中重庆长寿危险废物处置场是8个获得国家危险废物综合经营许可证的处置场之一，目前年运行天数超过320天，处于国内领先水平。

③突出的工程建设能力。在危险废物工程建设方面，新中天利用自身领先的工程技术优势，为国内合作伙伴提供了20多个处置场的工程设计、供货、建设、调试试运行服务，包括当时国内规模最大、建设标准最高、环保标准最高的苏伊士南通危险废物处置场项目。

④优秀的环境支撑服务能力。在环境支撑方面，新中天负责了重庆市、南京市90%的危险废物应急处置工作，参与了国家、地方标准的起草与审

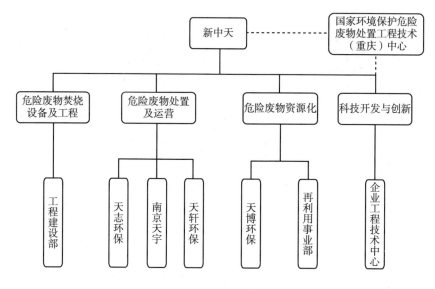

图4　新中天综合业务管理体系

核工作，对全国危险废物管理部门和处置企业、科研院所做了大量的管理、技术培训工作。

此外，新中天还提供危废处置技术与运营管理咨询和园区、企业自建废物处置与利用设施第三方治理服务，开展产学研合作、校企合作、技术难题攻关、行业合作等。

三　新中天在行动——全产业链管理模式
解决危废处置问题

（一）安全处置利用危险废物，减少危险废物污染与处置二次污染

新中天的前身中天环保产业集团有限公司（简称"中天环保"）在2003年就参与我国危险废物污染防治工作。2003年5月，中天环保成立了控股子公司重庆天志环保有限公司，该公司是重庆市最早成立的专业从事危险废物收集、贮存、利用、处置经营活动及应急处置、管理培训的综合运营

商（见图5）。成立之初，该公司负责重庆市非典医疗废物的安全处置工作，后来逐步发展到负责危险废物的综合处置工作。从2009年开始运营重庆主城区和重庆长寿两个危险废物焚烧、固化、填埋、污水处理等综合处置场，处置《国家危险废物名录》中的43类危险废物，处置能力为6.4万吨/年，所有设施均达到国家地方相关标准，逐步发展成为危险废物国内最齐全、西南地区规模最大的处置企业之一。近十年来两个危险废物处置场安全处置废物30多万吨，2016年危废处置装置稳定运行天数突破320天，满负荷运行，达到国内同类装置生产运行领先水平，荣获"危废综合处理年度标杆企业"称号，为重庆市危险废物规范化处置提供了有力保障，并提供应急处置、管理技术培训、课题研究等环境管理支撑。其中，重庆长寿危险废物处置场为国内8个获得过国家危险废物综合经营许可证的单位之一，负责处置国家级长寿经济技术开发区和三峡库区的危废，包括为重庆最大的合资企业巴斯夫提供全面的危险废物处置服务。这两个置场承担了重庆市90%以上的危险废物应急处置任务。

2013年，新中天与南京化工园区管委会等单位联合成立了南京天宇固废处置公司，为整体解决南京化工园区的危险废物处置问题做出了贡献。该危险废物处置场2014年拿到环评批复，2015年底投入运行，目前运行状况良好，一期工程焚烧处置2万吨/年，二期工程1.8万吨/年已建成，目前处于调试阶段（见图6）。该项目按照欧盟最新标准设计，与其他类似项目采用的国家标准相比，每年减少污染物排放量约烟尘15吨、二氧化硫54吨、氮氧化物49吨、氯化氢13吨、一氧化碳7吨、二噁英0.86gTEQ。该公司每年承担了南京市90%的危险废物应急处置任务。

致力于危险废物处置的同时，新中天还逐步涉入危险废物资源综合利用领域，在无害化基础上实现资源化。2016年，新中天成立了控股子公司重庆天博环保有限公司，进行废有机溶剂（医药企业废溶媒、电子产品废溶媒）回收利用，为重庆地区提供了废有机溶剂资源回收再利用解决方案（见图7）。该利用场每年可利用危险废物1万吨，回收产品7000多吨，尽力实现资源循环再利用，减少了危险废物污染。

图5 重庆天志环保危险废物处置场

图6 南京化工园区天宇危废处置场

图7　天博环保溶剂回收线一角

（二）提供工程建设服务，共同减少危险废物污染与二次污染排放

　　新中天不仅投身于危险废物污染防治事业，还提供工程设计、建设、调试试运行成套设备与全场工程建设服务，帮助合作方建设国内领先的危险废物处置场，共同减少危险废物污染，同时因为采用更先进的二次污染防治技术，减少了二次污染物排放。

　　针对我国危险废物处置设备技术水平整体偏低、技术含量及产品附加值低、常规装备相对过剩、低水平重复现象严重、产品结构不合理等情况，结合我国危险废物存在的区域特点、年代特点、组成和形态特点，新中天在引进世界一流的德国鲁奇能捷斯危险废物焚烧技术的基础上对危险废物熔渣回转窑焚烧成套设备技术进行再创新，研发出适应性好、国际国内领先的焚烧处置技术。该套设备焚毁去除率超过99.99%，燃烧效率超过99.9%，尾气净化指标全面达到欧盟标准；热灼减率小于1.0%，远低于国家标准（5%），浸出毒性为国家标准的1%以下，焚烧残渣的浸出毒性低于欧盟与

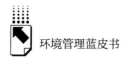
美国 EPA 的资源综合利用标准，节省了常规焚烧技术所需的灰渣固化费用。待公司与环境部固管中心等单位编制的固体废物玻璃化技术产物标准实施后，相关危险废物可以作为一般工业固体废物处置或资源化利用，大大节省填埋费用。

新中天在国内已承接 20 多个危险废物处置场，遍布全国十余个省、直辖市，其中包括当时规模最大、环保标准最高、建设等级最高的苏伊士南通项目（见图 8）。这些处置场年处置总量达 50 万吨，每年可有效减少 50 万吨危险废物污染，其中十余个完全按照欧盟最新标准设计，十余个按照优于国标接近欧标设计。使用新中天危险废物焚烧及污染防治技术，跟其他类似技术相比，每年可以减少污染物排放约为烟尘 300 吨、二氧化硫 1100 吨、氮氧化物 1000 吨、氯化氢 260 吨、一氧化碳 140 吨、二噁英 17gTEQ，节省 10 万吨焚烧残渣的固化填埋费用，大大节省填埋资源。

图 8　新中天承建苏伊士南通项目

目前新中天每年可承接 4～5 条生产线，可以与合作伙伴共同处置 20 万吨危险废物，减少 20 万吨危险废物的污染，与其他类似技术相比，每年可以减少污染物排放约烟尘 150 吨、二氧化硫 540 吨、氮氧化物 490 吨、氯化氢 130 吨、一氧化碳 70 吨、二噁英 9gTEQ，节省 4 万吨灰渣固化填埋费用。

（三）承担国家标准建设、应急处置、培训等环境支撑服务工作

新中天积极参与国家、地方危险废物环境支撑服务领域的工作，在国家和地方环境保护技术政策、技术标准和规范的研究制定，环保部在危险废物处置领域的技术政策、技术标准和规范的研究制定方面都积累了丰富经验并做出了应有的贡献。参与完成了"十二五""十三五"环境保护规划的意见建议征集工作，《危险废物污染防治技术政策》《国家危险废物名录》《危险废物经营许可证管理办法（修订草案）（征求意见稿）》《危险废物转移管理办法（修订草案）（征求意见稿）》《危险废物填埋污染控制标准》《重庆市危险废物处置管理指南》《固体废物玻璃化技术要求》等国家环境保护技术规范和导则、技术指南意见稿审订的工作，并编制危险废物处置领域 2009 ~ 2018 年技术发展报告。参与编写《土壤、沉积物和固体废物 二噁英类的筛查 酶联免疫法》标准方法征求意见稿和送审稿（2012 年 11 月正式发布，标准号为 DB50/吨 427 - 2012）。该标准是全国首个生物法筛查二噁英类地方标准，标准的颁布实施填补了全国二噁英生物监测法的空白，能为中国履行持久性有机污染物（POPs）公约、开展 POPs 污染防治工作提供技术支持和可资借鉴的经验，并有较好的示范意义。

利用自身先进的技术和运营管理优势，新中天积极争取和参与国家地方科研课题，如国家环境公益科技专项、国家科技创新、重大装备产业化等十余项国家地方科研课题，获得环保部科技奖、国家重点新产品、国家重点环境保护实用技术等十余项奖励；其中"2012 年度国家环保公益性行业科研专项——固体废物处置设施环境安全评价技术研究"顺利通过了环保部的验收，获得了很高的评价。该课题主要对固体废物处置设施尤其是危险废物处置设施环境安全评价技术进行研究。该课题及后续研究为《危险废物填埋污染控制标准》的修订提供了支撑服务，获得了近十项专利。

新中天及下属子公司数百次为全国、重庆市、南京市提供高效、及时的

环境应急处置服务，有效减少了突发事件对人员的伤害和对环境的破坏。如重庆天志环保承担了汶川地震90%的危险废物应急处置工作，承担了重庆市90%以上的危险废物应急处置任务；南京天宇承担了南京市90%的应急处置任务。2008年至2018年，新中天已经参加了包括汶川大地震危险废物应急抢险收运工作在内的几百次国家级、省级、区县突发环境应急救援处置工作。部分案例如下。

①2008年，参与"5·12"汶川大地震危险废物应急抢险工作（由环保部组织，重庆市固体废物中心牵头，重庆天志环保应急救援队参与），处置汶川地震的大部分危险废物。

②2013年，参与由重庆市环保局和合川区政府联合组织的合川洛齐思甲苯泄漏应急处置工作。

③2015年，参与由重庆市固废中心和潼南县政府组织的潼南POPs农药收运工作。

④2015年，南京化工园区德纳化工火灾事故现场产生约120吨危险废物，南京天宇公司协助南京市环保局、园区环保局对其进行应急处理。

⑤2016年，天宇公司配合协助南京市六合区环保局清运南京常丰农化有限公司事故现场遗留的危险废物。

⑥2018年，天宇公司协助南京市六合区环保局及六合区马鞍街道办事处对马鞍街道交通事故泄漏的危险化学品进行清运。

此外，为帮助管理部门提高地方危险废物管理水平，增强应急处置能力，新中天还通过下属处置场与当地政府共同建设危险废物应急响应处置培训中心，为市区环保企业、政府管理人员提供危废处置方面的管理及技术培训。

新中天及国家工程技术中心还定期组织国内外学术研讨会，为处置企业、管理部门、产废企业、科研院所提供相关培训和咨询服务，以提高我国危险废物整体处置水平。比如，2018年新中天协助生态环境部固废管理中心举办"全国危险废物鉴别与环境管理培训班"（见图9），安排两位专家授课并组织300位学员实地考察、学习。

图9 新中天"全国危险废物鉴别与环境管理培训班"专家授课现场

（四）新中天的危险废物可持续发展

新中天秉承"笃实宽仁、专攻致精"的企业理念和以人为本、创造学习型企业的管理思想，注重以国际化的视野挑战与攻克行业难题，研发与应用更多的特殊危险废物处置技术、更全面深入的危废资源综合利用技术。利用自身的领先技术进一步带动行业的科技进步与产业发展，为我国危险废物处置利用领域全面达标贡献自己的力量，为社会和行业发展培养更多的危险废物处置利用的管理、技术人才，为我国危险废物管理提供更多、更全面的技术支撑。

四 新中天在行动——意义与前景

新中天在全国各地承建、筹建多个危险废物处置场，多年的稳定运营证明，各项目都具有巨大的环境效益、经济效益和社会效益，行业前景可期。以其承建和运营的全资子公司重庆天轩环保技术有限公司渝南循环经济项目为例，该项目全部建成后每年可处理危险废物15万吨，其中焚烧处理6万吨，物化处理1万吨，固化填埋3万吨；再利用处理能力5万吨，回收产品约4万吨。该厂按照欧盟标准设计，可以每年减少污染物排放约烟尘45吨、二氧化硫162吨、氮氧化物147吨、氯化氢39吨、一氧化碳21吨、二噁英

2.6gTEQ。控股子公司江苏中惠公司筹建 4 万吨/年焚烧项目。该厂按照欧盟标准设计，可以每年减少污染物排放约烟尘 30 吨、二氧化硫 108 吨、氮氧化物 98 吨、氯化氢 26 吨、一氧化碳 14 吨、二噁英 1.7gTEQ。控股子公司四川天英公司筹建 15 万吨/年危险废物综合处置及利用项目，每年可处理危险废物 15 万吨，其中焚烧处理 6 万吨，物化处理 1 万吨，固化填埋 3 万吨；再利用处理能力 5 万吨，回收产品约 4 万吨。该厂按照欧盟标准设计，可以每年减少污染物排放约烟尘 45 吨、二氧化硫 162 吨、氮氧化物 147 吨、氯化氢 39 吨、一氧化碳 21 吨、二噁英 2.6gTEQ。新中天通过对这部分危废进行处置为环境污染治理做出了巨大贡献。

遵循"减量化、资源化"原则，从危险废物处置利用设备、工程建设到运营管理，从基础与应用技术到生产工艺，从危险废弃物处置到循环利用，从咨询、托管运营服务到废物管理服务，新中天危险废物处置及资源化利用项目处置了包括 POPs 在内的各种危险废物。推广应用后，预计五年之后每年可减少 200 万吨危险废物的排放，将消除这部分危废对环境造成的安全隐患；焚烧残渣的浸出毒性低于欧盟与美国 EPA 的资源综合利用标准，无须固化填埋，可以一般填埋或直接综合利用，节省常规焚烧技术所需的灰渣固化填埋费用。与其他危废焚烧技术相比，此项技术可减少 80 万吨焚烧残渣的安全填埋和主要大气污染物排放：二噁英 90gTEQ、烟尘 1500 吨、二氧化硫 5400 吨、氮氧化物 4900 吨、氯化氢 1300 吨、一氧化碳 700 吨，对节能减排、改善环境、提高资源利用率等都具有重要意义。

危险废物综合处置是多领域技术与设备的集成与整合，其发展会带动其他很多行业的共同发展，如起重机设备制造行业、通用机械加工行业、电气自动化控制行业、烟气脱酸除尘行业、环保在线监测设备行业、锅炉制造行业、耐火材料及保温行业、机电设备安装行业等。因此，作为行业内具较大影响力的龙头企业，新中天研发的技术必然会带动其他多个相关行业的发展，有效拉动内需、促进就业。危险废物的安全处置对环境保护，尤其是水资源、大气质量、土壤质量保护和治理都将具有重大的现实意义，对促进社会效益、经济效益和环境效益的有机统一也将具有重要的推动作用。

"绿水青山就是金山银山"，新中天将根据发展调整完善全产业链管理模式，及时解决经济发展与环境污染的矛盾，走持续发展道路，为建设生态文明贡献更多的力量。

附 企业简介

新中天环保股份有限公司创立于 2008 年，是创立于 1994 年的中天环保集团的投融资及企业管理平台，也是危废处置及资源化利用综合解决方案的提供商。该公司总部设在重庆，拥有 1 个国家工程技术中心、1 个国地联合工程技术中心、6 家子公司（其中 2 家是中外合资）和 4 个办事处（北京、华东、欧洲、日本）。从危废处置利用设备、工程建设到投资、运营管理，从技术开发到工艺创新，从处置到资源化利用，从咨询、托管运营服务到园区整体解决方案与环境管理支撑，新中天打造了完整的危废处置及资源化产业链。

B.10
苏州市再生资源投资发展有限公司资源回收实践案例

王　玲*

摘　要：　随着经济的不断发展和国民生活水平的不断提高，城市"垃圾围城"难题日益突出，而我国资源回收率和再利用技术与一些发达国家相比仍有待提高。本文从苏州再生资源工作推进角度出发，系统阐述了再生资源从回收、分拣、物流到加工、交易等过程系统化布局和运营的思路以及其特点。同时，也分析了基于回收利用三级网络体系完善"互联网+"的技术运用。

关键词：　再生资源　回收　"互联网+"

一　资源回收实践案例

苏州市再生资源体系建设工作于 2009 年开始，由苏州市再生资源投资发展有限公司（简称"苏再投"）作为实施主体，由苏州市供销合作总社负责经营管理，立足于"政府引导，企业化运作，全社会参与"。企业运作层面主要是构建了以社区回收体系为基础，以中心分拣站为纽带，以再生资源甪直产业园为核心的再生资源三级回收利用网络体系。

---

* 王玲，本科学历，苏州市再生资源投资发展有限公司综管部负责人，主要研究方向为再生资源收运体系、利用体系的建设和运营管理。

（一）社区回收体系

苏州再生资源回收体系以古城区为试点，以"固定＋流动＋在线""三位一体"为框架，包括社区再生资源固定回收网点、再生资源专用流动回收车以及"962030"回收热线和调度中心，目标是实现在试点范围内社区居民、企事业单位通过一个电话就能放心"销废"。目前，公司在试点范围内建设固定回收网点114个，投放流动回收车138辆，基本实现古城区及周边全覆盖。2018年，苏再投在古城区周边尝试联合社区开展定时定点回收工作，由社区组织宣传、提供临时回收场所，公司调派车辆、人员提供现场服务，合作成功后形成定期（每周或每两周）回收方案。

（二）中心分拣站

中心分拣站是再生资源回收利用网络的枢纽，主要承担社区网点废旧物资的收运以及机关、学校等大型产废单位废旧物资的回收、分拣和打包工作，并逐步吸收原有非法收购站的业务。中心分拣站占地10亩左右，需建立标准厂房实现密闭化处理，配备污水截流、防噪等设施，经营品种根据辐射区域的具体情况及后端深度加工需求确定，目标是在古城区周边共建设5个中心分拣站实现苏州古城区的全覆盖。目前已建成并投入运营3个，在建1个。

（三）再生资源甪直产业园

该项目总投资4.87亿元，占地面积280亩，建筑面积10.44万平方米，已于2015年投入试运营。项目按照"五区一中心"（科研培训中心、仓储区、交易区、加工区、服务区、办公区）布局，主要承担全市再生资源的仓储、加工、交易，以及循环理念的宣传和行业从业人员培训任务，目标是建设成为集生产、物流、仓储、交易、宣传教育于一体的再生资源示范园区。产业园内共建有标准车间4个（20250平方米）、交易市场1个（35149平方米）、仓库3个（25660平方米）、服务楼（9560平方米）、办公楼

（13000平方米）及1000吨级货运码头1座，二期规划侧重再生资源处置相关软实力提升，包括1000平方米再生资源展示厅1个、1000平方米行业从业人员培训教育基地1个。一期以项目开发为重点，目前已启动了废旧轮胎综合处理项目、年处理能力4.2万吨的电子废弃物拆解利用项目、年处理能力3万吨的废塑料饮料瓶破碎清洗项目及年处理能力1万吨的废玻璃集散基地建设项目。产业园的总体目标是通过引进5~6个"变废为宝"工程，打造资源综合利用产业发展示范性园区。

（四）"互联网＋再生资源"平台

公司在962030呼叫中心基础上，立足于再生资源三级回收利用网络体系实际运营，开发了"互联网＋再生资源"服务平台，包括在线网站和微信客户端。该平台主要承担两项任务：一是通过在线平台为居民提供更为便捷的预约上门收废、价格查询及积分兑换等服务，居民通过拨打962030电话或登录网站、微信客户端预约收废，调度中心按就近原则派遣周边的固定回收网点人员或流动回收车辆上门服务；二是根据三级网络体系中"日清日结"的业务需求和物资流向，2018年公司延伸了962030的服务范围，逐步建立并完善了收运信息和统计数据，通过回收人员手持设备的实时输入、中心分拣站打包出库及产业拆解加工数据进行三级网络体系再生资源品种、数量、流向和再利用率的统计分析。

二　创新性分析

（一）再生资源收运实现样板化布局

公司构建的再生资源收运体系以"三位一体"模式为样板，原则上在每个社区设1个固定回收网点，配备一辆流动回收车，实行"七统一"管理，2017年回收再生资源12.22万吨，呼叫调度中心累计拨入各类电话108639通，派遣流动车辆调度94516次，微信客户端关注度稳定在2000人次。

中心分拣站通过"日清日结"直接与社区回收体系对接，每个中心分拣站按区域划分覆盖2~3个街道。业务活动以市场交易为基础，公司通过考核激励、价格吸引等方式引导再生资源流向中心分拣站。"日清日结"工作运行一年半时间，开通线路与中心分拣站的推进速度挂钩，目前开通了4条，累计从社区网点回收各类再生资源超过2.2万吨。另外，中心分拣站还承担了周边企事业单位的废旧物资回收任务，兼并、吸收非法收购业务。2017年启动运营的3个中心分拣站共回收废旧物资7.6万吨。

再生资源产业园结合前端回收需求引进深度加工技术，重点是开发和培育前端货运量大（废塑料饮料瓶、电子废弃物等）、市场处理失灵（废旧轮胎、废玻璃等）和有待规范管理（汽车报废拆解）的品种。通过后端的吸引促进前端回收工作的发展。

苏州再生资源三级回收利用体系相互促进、相辅相成，形成一个整体，服务城区再生资源回收利用工作，同时采取"政府购买服务"的方式服务城市低值可回收物的再利用。该收运模式在全市范围内推广再生资源工作中也发挥了积极的作用。

（二）"互联网＋再生资源"体现服务性和经营性双向发展

苏再投在962030回收热线的基础上逐步探索开发适合苏州再生资源回收的"互联网＋再生资源"经营道路，先后开发了www.962030.com再生资源交投网站及"962030SZT"手机微信回收服务端。同时其还与市政环卫垃圾分类、苏州市民服务热线12345等进行了对接，更全面便捷地满足收废需求。居民或企事业单位通过电话、电脑、手机都能实现24小时内上门回收服务。苏再投依据上门回收记录为居民设立绿色账户并累计回收积分，居民可以用积分兑换日用品等。同时，公司依据系统回收记录对回收人员进行补贴或奖励，鼓励回收人员保质保量地完成上门服务。

2016年随着加工项目的引进，公司着手拓展和延伸"互联网＋再生资源"的内容和形式，完善后端物资流相关情况和数据的记录和分析。

①物联网技术应用。该技术目前着重用于企业废玻璃收运体系。2016

年底公司贯彻两网融合精神，着手推进废玻璃等低值可回收物的收运和处置工作。前端方面，苏再投已逐步在社区、企业、机关单位设置废玻璃专用回收箱，回收箱配备回收量红外感应芯片，容量达到一定程度可自动向系统后台预警。公司根据预警回收桶的 GPS 定位科学制定回收路线，通过在线指令调派工作人员采用"以桶换桶"的方式进行回收并送至指定位置（产业园或中心分拣站），整个回收过程实现废玻璃不落地。

②加强数据收集管理。苏州再生资源回收利用体系涉及回收、分拣、打包、加工、交易等多个环节，其间产生的交易数据、物资流向及其他相关情况复杂多变。2018 年苏再投借助互联网技术对已启动项目（电子废弃物、废塑料饮料瓶）的回收全过程进行监管和统计。回收人员在日清日结的过程中，对每一个回收环节通过手持客户端及时上传相关数据，中心分拣站及加工项目对所覆盖品种的数量、来源、处理量、交易量等进行统计分析，形成较为完善的再生资源三级回收利用网络体系数据库。

（三）强化政府引导、市场化运作的发展理念

苏州市再生资源工作的推进始终坚持"政府引导、市场调节、科学规划、合理布局、建设规范、有效管理"的原则，尤其是在市场配置失灵的低值可回收物的回收利用市场上，通过"政府购买服务"等形式，加强再生资源与环卫垃圾分类的"两网融合"工作。废玻璃集散交易基地建设的硬件投入、收运补贴都积极争取了政府的支持。同时结合城市垃圾分类和减量的要求，以及再生资源收运体系运作方式，对大件垃圾再利用、废旧小车轮胎破碎等开展技术调研和项目引进工作。

三 可推广性分析

（一）环境效益

加快建设资源节约型、环境友好型社会是党中央、国务院在新形势下做

出的重大战略决策。加强再生资源回收利用网络体系建设，不仅可以实现资源的有效再利用，在行业中起到引导、规范和带动作用，还有利于促进广大市民树立环保观念，掌握资源循环利用的技能，对全市生态文明建设产生深远影响。该体系能实现试点范围内年 10 万吨的可再生资源的规范化回收，就回收来源、现场管理、形象管理等方面都出台了具体要求。中心分拣站工作均在密闭化分拣打包车间进行，车间配备液体截流、收集、泄水等设施，对现场的安全、环境都实行标准化管理，防止再次污染。再生资源产业园满负荷后每年实现 4.2 吨的电子废弃物回收拆解、3 万吨的废弃塑料饮料瓶破碎清洗、3 万吨的废旧轮胎破碎粉碎及 1 万吨的废玻璃集散交易，大大提升了全市可再生资源的回收和利用效率，实现了变废为宝。

（二）社会效益

三级回收利用网络体系对苏州市再生资源工作推动效果明显。前端回收体系实行"七统一"管理，与社区、物业共同建立统一的固定回收网点、配备专业的回收电子秤及三轮电动回收车辆，社区环境有所改善，治安管理水平有所提升，同时完善的硬件配备、定期培训也提升了回收人员的素质。近年来，苏再投配合苏州垃圾分类工作，使苏州再生资源分类回收走进校园、社区、机关单位，已先后举办了 200 多次宣传教育、积分兑换等活动，促进广大市民参与到再生资源回收利用的过程中来，提升民众的环保意识。产业园加工项目启动后每个项目不仅创造了 100 ~ 300 个用工岗位，同时也将有效减少"城市垃圾"，为苏州生态文明建设贡献力量。

（三）经济效益

再生资源工作面广、工作量大，同时具有明显的社会性和公益性，公司坚持"政府引导、市场化运作"的原则，在三级回收利用网络体系建设和运营过程中得到了市委、市政府、市财政的支持，包括政策支持、土地支持和资金支持。园区引进低值可回收物项目通过"政府购买服务"方式采用按处理量补贴的方式基本实现盈亏平衡。同时，苏州作为经济较发达城市，

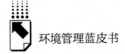

电子产品、汽车等的保有量高，同时还拥有大量的塑料加工、电子产品加工等工厂，产业园目前年处理废旧轮胎 1 万吨、电子废弃物 5000 吨、废物塑料饮料品 2 万吨，满负荷运作后（2020 年）将实现年处理各类再生资源能力 10 万吨，销售额 25000 万元，利润 3800 万元。

附　企业简介

苏州市再生资源投资发展有限公司成立于 2009 年，注册资本 26281 万元，是苏州负责再生资源回收利用工作的国有再生资源服务平台。公司主要负责市区再生资源工作的规划、布局及集团化管控，下设子公司回收经营公司，负责回收体系、中心分拣站的建设和运营；以及子公司再生资源集散交易公司，负责再生资源产业园区的运营和管理。同时，苏再投还负责协助相关部门推进"两网融合""垃圾减量"等，引导全市再生资源体系建设。

B.11
新金桥废弃电器电子产品产业链管理

杨义晨　李英顺*

摘　要： 本文分析和总结了新金桥环保公司（简称"新金桥"）的废弃电器电子产品的回收体系及处置资源化方面的创新点、先进性，介绍了新金桥环保公司在绿色供应链、循环经济等方面的探索经验。

关键词： 废弃电器电子产品　回收体系　处置　资源化

一　案例背景

2016 年，我国获得资质的废弃电器电子产品处理企业拆解处理首批目录产品达到 7500 万台左右，总处理量达到 211 万吨，同比增加 16%，处理行业的资源效益和环境效益日益显现。根据中国家用电器研究院测算，2016 年，处理企业共回收铁 46.0 万吨、铜 10.0 万吨、铝 5.4 万吨、塑料 44.6 万吨，整体较 2015 年有小幅上升。同时，废弃电器电子产品的规范拆解处理减少了对环境的危害，对环境风险大的印刷线路板和含铅玻璃的环境效益最为显著。印刷电路板交售给有资质的下游企业进行综合利用，大大减少了不规范处理带来的环境污染。

我国对废弃电器电子产品回收处理的管理采用 EPR 基金制度，即生产

* 杨义晨，环境工程博士，上海新金桥环保有限公司副总经理，工程师，研究方向为工业废弃物回收处置资源化；李英顺，环境工程博士，上海新金桥环保有限公司总工助理，高级工程师，研究方向为工业废弃物回收处置资源化。

者缴纳基金，补贴有资质的处理企业。废弃电器电子产品回收处理管理涉及产品的绿色设计、回收、再使用/再制造、处理和综合利用、处置等多个环节，其遵循的法规是《废弃电器电子产品回收处理管理条例》，并与再生资源、固体废物和绿色制造等方面的相关政策紧密相关。2016 年，国务院发布《生产者责任延伸制度推行方案》，明确电器电子产品、汽车、电池和包装物 4 类产品实施生产者责任延伸制度。

二 案例分析

（一）废弃电器电子产品信息化回收体系

在借鉴欧洲回收经验、结合中国国情后，国内已有企业尝试利用移动互联网和物联网，使用信息系统、REID 技术和条码技术，在社区、商圈、地铁等场所推进废旧电器电子产品回收。该类产品具备垃圾袋发放、条码打印、扫码开箱、实时称重、自动结算等功能，同时少量设备具有火车票购买、公共事业缴费等便民服务功能，且占地面积小，具有很强的推广性。国外同类产品功能性更强，可实现自助交投后的现金结算，省略了个人登录环节，极大地降低了成本。

（1）移动互联网端研发

2017 年，新金桥在前期充分的市场调研后，加强并完善"阿拉环保网"微信公众号功能，同时开发适用于垃圾分类智能回收箱的"阿拉环保智能回收"小程序，完善回收移动互联网端、积分消费体系建设工作。

结合上海市市政府"两网协同"项目，新金桥研发了智能蓝牙秤（见图 1），实现称重数据的实时传输及快速结算，已正式投入使用并安排培训。通过已开发的两款 APP，结合回收宝 2.0，可以做到回收人员手持终端上门回收，相应费用实时支付给交投的居民。

（2）智能回收载体研发

研发了新一代小型化的智能物联网回收箱（第五代智能回收箱，见图

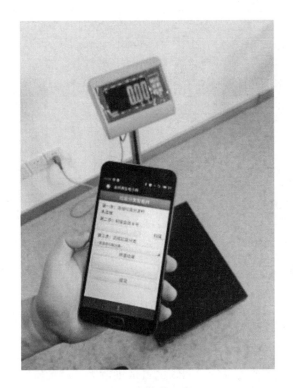

图1 智能蓝牙秤

2），在不削减功能的基础上，大幅减少智能回收箱的占地面积，降低产品价格，结合市场需求，使其更加小型化、实用化，功能全面化。新金桥已经在上海全市范围内开展该款回收箱的布点工作。

（3）垃圾分类智能回收设备研发

新金桥结合上海市垃圾分类实施工程，开发了浦东新区首台阿拉环保垃圾分类智能回收箱，并投放在花木街道海桐苑。该回收箱体现了"互联网＋垃圾分类回收"理念，居民可以使用手机扫一扫功能，关注"阿拉环保网"添加微信小程序，注册完成后便可以自助交投废旧衣物、饮料瓶、纸张和电子废弃物。智能回收箱会将交投物品称重，并实时给予相应的积分，或实时变现转入微信钱包。在启动仪式现场，阿拉环保垃圾分类回收箱引起了众多市民的关注，人们踊跃尝试并使用了智能回收箱的各类回收功能，交投了衣物、纸板箱、饮料瓶等再生资源物品。该活动受到了浦东新区

图 2　智能回收箱

环保局及花木街道的高度关注，浦东电视台进行了独家报道。

根据两网融合及垃圾分类回收项目推进情况，新金桥已研发出第一代垃圾分类回收箱并完善了相关功能。该回收箱可提供会员自助垃圾分类交投功能，目前自助交投的物品包括废旧电子废弃物、废旧报纸、空饮料瓶及旧衣物四类。垃圾分类智能回收箱最主要的优点是居民只要注册成为会员，就可以通过会员账户，在分类回收箱自助进行垃圾分类称重、交投，所得积分实时打入会员账户。同时，结合会员使用习惯，公司开发了积分提现至电子钱包的功能，进一步提升了设备使用灵活度和用户体验。

（二）废弃电器电子产品处置与资源化利用

（1）综合拆解系统

综合拆解系统是利用物理分离的原理，采用自动、半自动的方法对电子废弃物进行拆解、集中、处置。废旧电子废物称重后进入流水线，整条流水线为自动传送。电子废物中的危险废物部件，如制冷剂、电池、含汞开关等存放于专门的危险废物仓库。电视、电脑拆解后的 CRT 则自动输送到 CRT

处理线，进行屏锥分离。线路板进入线路板处置线，进行破碎分选。

（2）自主研制 CRT 切割系统

废 CRT 显示器处置系统为半自动化系统，废旧显示器通过自动切割机及自动屏锥分离机将屏玻璃与锥玻璃分离，同时通过高效除尘器将其中的荧光粉吸除，玻璃可以作为原材料再利用。该设备采用机械切割法使 CRT 屏锥分离，分离效果较好，处理效率较高，操作人员配备防铅粉尘防护口罩，同时，车间也进行了防尘改造。

为了有效控制拆解处置过程中的环境污染，降低叉车进车间的频率，有效控制车间环境污染，降低工人劳动强度，提高生产效率，优化生产布局，新金桥对工艺流程进行了优化改造。

通过对原手工拆解线方向改变，新增入料系统输送线至 CRT 车间输送机，同时对原塑料输送线进行改造，可实现两个车间物料的自动传送，优化生产布局，叉车不进车间能有效控制车间环境污染；成功研制 CRT 屏锥加热分离设备，选用的材料，如气动、电器元配件及工作台架子均为再利用、再加工产品，在保证质量的同时节约了大量采购成本，也大大地提高了新金桥自主创新、自主研发的能力。CRT 切割设备原有套丝张紧结构不合理，套丝会松脱，每个工位在加热时人员不能离开，改造后一台两个工位只需要一名操作工人，每台减少一人，节约了人工成本；将张紧结构位置移到 45 度方向，使套丝接口有了重叠部分，加热区域增加，破碎率下降。

CRT 处置线入料系统改造包括 CRT 入料系统新增 7 条入料皮带，改造后可降低工人劳动强度和人工成本，优化生产布局；CRT 处置线出料系统改造包括 CRT 处置车间新增上下两层皮带输送机，更新玻璃输送机，输送带采用金属材质，与原有橡胶材质相比大大减少了玻璃对皮带的磨损；更新了除荧光粉工作台，新的工作台密闭吸风效果更好，确保了荧光粉被全部收集，减少了二次污染。此项目可实现物料的自动传送，降低工人劳动强度，有效控制荧光粉的环境污染。

公司研发了荧光粉吸附装置，该装置可以将荧光粉吸附干净。除尘器安装在室外，噪声小，操作方便。并且充分利用现有设备，降低了成本。每个

工位节省了一台工业吸尘器，电力和设备费用每工位节约成本约 16800 元/年。现有除尘器在满足除尘需求的前提下，可配 6 个工位的吸荧光粉吸头，一年可节约成本 10.08 万元。

（3）洗衣机拆解系统

2016 年，洗衣机拆解比重上升，部分洗衣机由于锈蚀严重，洗衣机滚筒轴承和电机拆卸困难；冰箱线挤压机物料风送装置开启时，隔音房内泡沫粉尘乱飞，危险性大，操作不方便。为有效控制车间环境污染，降低工人劳动强度，提高生产效率，优化生产布局，新金桥对拆解系统进行了优化改造：扩大了洗衣机拆解工作区的面积，同时增加拆解工作台、滚筒线和输送皮带，实施流水化拆解作业，扩大产能并规范操作。改造后拆解产能为96000 台/年。

（4）废旧印刷电路板（PCB）处置系统

PCB 系统由公司自主设计研发，整合了目前国际上一流的技术与供应商，同时实现光板处理和带元器件板处理。采用半自动翻转倒料系统实现加料规模化和现代化；采用四轴破碎与两级锤破相结合的方法实现废线路板的破碎以及金属与非金属的解离；采用磁选与涡流分选机相结合的方法实现铁、非铁金属和非金属的分选；采用双层振动筛选机与重力分选机相结合的方法实现金属和非金属的分选；通过加设暂存槽来防止堵料情况发生；通过统一集尘来防止粉尘二次污染。

综合拆解系统和废旧印刷电路板处置系统共用气源，2016 年废旧印刷电路板处置量大幅提高，PCB 线生产时间增加和强度加大，导致综合拆解系统气源不够，为提高生产效率、优化生产布局，新金桥对废旧印刷电路板处置系统进行了优化改造。

（5）废弃电器电子产品处置系统监控系统建设

根据厂区总规划平面图、各栋楼的安全防范系统设计规范，本项目建设新增 163 个数字信号监控，在厂区所有进出口处（须能清楚辨识人员及车辆进出）、地磅及磅秤、处理设备与处理生产线（包含待处理区）、贮存区域、处理区域、可能产生污染的区域（含制冷剂抽取区、荧光粉吸取及破碎分选等作业区）等点位设置固定的视频监控设备，实现 24 小时不间断录像，并且按照环保部的要求保存时效可达 3 年，同时结合原有的模拟监控，使实时监控的空间与时间密切关联，从而形成了厂区内多层次、全方位的立体监控。

（6）资源化再利用

以 PCB 线处置后产生的"树脂粉"为原料做的树穴盖、井盖、箅子、泄水板、垃圾箱等，均已投入使用。树穴盖已应用于浦东新区蓝天路两侧树木的养护，铺设道路约 2 公里；垃圾箱已应用于浦东新区垃圾分类项目，推广应用数量超过 800 个。

三 创新点、先进性

（一）废弃电器电子产品信息化回收体系

该体系为全国首创以物联网技术为核心的电子废弃物信息化回收体系。公司真正实现了从电子废弃物产生方到电子废弃物处置方再到产品生产方的"闭环"，建立了以上海为核心、覆盖长三角、面向全国的信息化回收网络，启动了兼具物联网、电子商务、信息化、逆向物流和低碳产业等特点的物联网电子废弃物回收服务体系项目建设。

2017 年，中国再生资源协会授予新金桥"再生资源新型回收模式案例企业"称号。新金桥深入研究两网融合相关政策及重点，立足浦东，辐射上海，率先开拓两网融合业务，搭建了再生资源回收信息化体系，探索再生资源回收的"金桥模式"，形成了以信息化技术为依托，以智能化回收设备为载体，以"两网融合"示范点为核心的再生资源回收体系。

在移动互联网端，新金桥以已开发投入使用的回收宝 2.0 版、阿拉环保回收人员 APP、阿拉环保商户 APP 等为载体，同时适应市场需求，大力推广阿拉环保微信公众号及"阿拉环保智能分类"小程序，结合线下各类环保宣传活动、大型环保主题活动、参观培训活动等，将整个电子废弃物回收

网络与时下最流行的手机互联网结合，深入拓展"互联网＋回收"的电子废弃物回收模式。

（二）废弃电器电子产品处置与资源化利用

废旧家电资源化技术与设备项目是利用流水线自动拆解技术，粉碎技术，磁选、风选、涡电流分选原理，实现电视机、电脑、洗衣机、空调、冰箱五大类废旧家电的自动化拆解、破碎和高效分离，达到废旧家电资源化再生利用的目的。

新金桥按照废弃物处理处置资源化、无害化、减量化原则，确保需拆解处理的旧家电在符合环保、安全的条件下拆解。新金桥通过小试、中试及设备安装研发，以行业需求为研发导向，对电子废弃物的处理处置资源化进行了一系列示范改造建设，自主研发汽车拆解销毁示范线并投入使用，完成了"四机一脑"综合拆解系统优化改造和塑料破碎线、废 PCB 处理系统改造。2016 年废弃电器电子产品处理与资源化技术与装备获中华人民共和国教育部技术发明一等奖。

新金桥打造的电子废物处理处置示范工程已基本涵盖主要电子电器废物种类，实现无害化拆解处理与资源化利用。示范工程通过全自动化传送，降低劳动强度，提高效率，降低成本；叉车不进入车间，优化了生产布局，提高了工作效率，车间环境污染能得到有效控制；产生的荧光粉得到了有效控制。实现年处理处置各类电子废弃物 100 万台（件），约合 15000 吨。

四 可推广模式/可推广性

（一）环境效益

新金桥致力于回收体系的建设，提供有利于回收和再利用的方案，科学有效地处理废旧电子产品中的有毒有害物质，减小其对生态环境和人类健康带来的负面影响，争取资源消耗和环境污染排放的最小化，承担保护环境、建设节能减排社会的责任。

（二）社会效益

在市场需求迫切及政府大力扶持的背景下，废电器旧电子产品回收体系建设不仅给企业带来新的业务机会、利润增长点和大量用户数据，还将获得良好的社会效益。

（1）建立规范、专业、高效的回收体系

废旧电子产品回收体系采用 O2O 模式，实行"线上回收平台＋线下物流及服务方式"的回收机制，可在线上回收平台评估询价，下单流程简单方便，交易方式多样，实现线上与线下服务无缝连接；线下服务新金桥可提供上门邮寄或到店回收服务，充分发挥品牌优势，其销售门面服务站全国覆盖面广，可以提供专业服务。该体系的建立能够解决目前回收市场上存在的问题，让消费者直接获得多种、快速、超值兑换方案，享受品牌保证和增值服务。

（2）促进产业对接、共同发展

对于回收旧机，部分将由公司拆解作为备件，部分交付废弃物处理公司处理。废弃物的再利用使企业向产业链后端延伸，并促进回收企业与废弃物处理公司的有效对接、良性运转和共同发展。

（3）加强环保宣传

在建立回收体系的同时，通过互联网获得用户，并向用户宣传环保理念，增强环保意识，让作为电子产品直接使用者的消费者在回收市场和环境保护方面承担起责任。

（4）创造就业机会

整个回收体系的建立，结合互联网的新型回收模式，将实现"产品众筹＋微创业"，可以创造大量的就业机会。

（三）案例推广

新金桥进行了大量的示范工程推广建设。在回收推进过程中，新金桥建

立回收网点，宣传信息化回收功能，并且发动全社会的志愿者广泛参与，宣传环保理念，得到了热烈响应。

在回收网点建设方面，截至 2018 年 7 月，共建设 2945 个普通回收网点、101 个智能回收网点以及 21 个两网融合自助型示范点。其中企业近 200 家，机关 28 个，商圈 5 个，学校 250 个，社区、街道等 1635 个；截至 2018 年 7 月，共开展宣传活动 450 余场，参加人数 4 万余人；阿拉环保网的网络注册会员数超过 20 万人，阿拉环保官方微信关注者超过 1 万人。

附　企业简介

上海新金桥环保有限公司于 2000 年成立，是上海金桥（集团）有限公司控股的混合所有制企业。公司是专业从事环保技术研发和废弃物再生利用的高新技术企业，拥有上海最大的电子废弃物处置基地和浦东新区固体废弃物综合处置基地。

公司立足于技术研发、工程化推广和物联网大数据挖掘，发挥行业引领作用，持续投入，不断研发更安全高效的电子废弃物处理、处置工艺及设备。公司参与编制了 10 余项国家标准，授权专利 39 项，承担了国家科技部 863 项目等在内的国家级课题 7 项、省部级重大科技项目 10 余项，获得多个发明创新奖。

B.12
格林美电子废弃物高效回收处理的
环境管理体系构建

许开华 鲁习金 秦玉飞 李 坤 李金萍*

摘 要： 由于我国电子废弃物回收利用行业政策出台晚、技术水平低、管理模式落后，电子废弃物环境管理方面存在缺乏完善的回收网络体系、高效的信息化管理模式以及高效的资源循环利用技术和环境风险控制体系等问题。格林美利用 PDCA 循环理论，开展了对电子废弃物回收全流程高效环境管理体系的建设，建立了电子废弃物线上线下网络回收模式和信息化管理体系，开发了先进的电子废弃物循环利用和环境保护工艺装备，不断提升电子废弃物回收利用技术和环保化处理水平，探索出适应我国电子废弃物回收利用管理的先进管理经验。

关键词： 格林美 电子废弃物 高效回收 环境管理 信息化

针对我国电子废弃物回收利用行业政策出台晚、技术水平低、管理模式落后等现状，格林美股份有限公司（简称"格林美"）开展了对电子废弃物

---

* 许开华，硕士研究生，格林美股份有限公司董事长，高级工程师，研究方向为固废资源化与环境管理；鲁习金，硕士研究生，江西格林美资源循环有限公司总经理，工程师，研究方向为固废资源化与环境管理；秦玉飞，硕士研究生，江西格林美资源循环有限公司副总经理，工程师，研究方向为固废资源化与环境管理；李坤，硕士研究生，江西格林美资源循环有限公司技术发展总监，工程师，研究方向为固废资源化与环境管理；李金萍，硕士研究生，江西格林美资源循环有限公司技术总监，工程师，研究方向为固废资源化与环境管理。

回收全流程高效环境管理体系的建设：本项目的目的是提升电子废弃物在社会回收、资源化处置和环保化处理等环节的环境管理水平，即利用 PDCA 循环理论，不断提升电子废弃物回收利用技术和环保化处理水平，探索适应我国电子废弃物回收利用的先进管理经验。

一　项目背景

随着全球科技和信息产业的快速发展，电子电器产品更新换代的速度日益加快，电子垃圾的数量快速增长。据联合国环境规划署估计，全世界每年产生 2000 万 ~5000 万吨的电子垃圾，而中国已经成为世界最大的电子垃圾产生国。实现对电子垃圾的有效回收与处理，不仅能缓解我国自然资源日益匮乏的资源压力，而且能够解决电子垃圾带来的环境污染问题。

电子废弃物的高效回收管理是指采用高效的管理模式和先进的处置技术对电子废弃物的社会回收环节、无害化处置和资源化利用环节进行全方位管理。目前，我国电子废弃物的回收经营单位众多，数量难以统计，全国正规的电子废弃物回收拆解企业有 100 余家，总处理规模达 1.6 亿台/年①，但其拆解加工管理水平参差不齐，缺乏管理理论或体系作为指导，行业发展仍然存在很多管理问题，主要表现在以下几个方面。

第一，缺乏完善的电子废弃物回收网络管理体系。目前，我国仍然面临废弃资源的回收难问题：一方面，大量可回收利用的再生资源被混入生活垃圾，不能得到循环利用；另一方面，回收商贩对回收的各类再生资源进行简单的分拣、拆解，仅回收部分价值高的材料，而将价值低的材料随意丢弃，分拣过程分容易造成二次污染。

第二，缺乏高效的信息化管理模式。我国电子废弃物回收管理工作是从国家出台家电以旧换新政策开始的，管理手段主要为纸质台账，纸质台账容

---

① 《中国废弃电器电子产品回收处理及综合利用行业白皮书 2017》，中国家用电器研究院，2018。

易修改造假，从而出现了一些处置单位做假账、骗取国家补贴的情况。同时，回收模式主要还是采用社会回收、由回收商贩具体实施的模式，缺乏先进的低成本、高效率互联网技术应用的信息化回收管理模式和信息化处置管理模式。

第三，缺乏先进的资源循环利用技术。由于我国对电子废弃物的回收处置管理起步较晚，电子废弃物回收处理行业技术水平较低，分拣加工的方式较为粗放，电子废弃物的回收拆解资源利用率低，仍然有二次污染环境的风险。

第四，缺乏严格的环境风险控制体系。虽然国家通过对电子废弃物的回收管理，在一定程度上解决了环境污染问题，但是电子废弃物在回收拆解过程中会产生具有较高环境风险的危险废物，如废弃线路板、废荧光粉、废油液、废荧光灯等，在回收处置环节必须建立严格的风险控制体系，保障全流程的环保化处理，如果管控不好，很容易造成环境污染。例如，位于广东贵屿的全球最大电子垃圾处理场因为环保管理不善，被公认为目前全球"最毒"的村落。

二 项目预定目标

本项目将 EHS 管理体系应用到对电子废弃物进行高效回收处置的全流程环境管理之中，以 PDCA 循环管理理论为指导，建立计划、执行、检查、改进的电子废弃物回收管理体系和循环利用全流程的信息化管理体系，以提升电子废弃物回收处置的环境管理效应。具体做法为以下几点。

第一，建立线上线下回收网络管理体系。一是优化现有的电子废弃物回收网络体系，整编社会回收商贩、垃圾清运工等，强化回收网络人才队伍建设，通过设立覆盖机关、社区、商场等各区域的电子废弃物回收箱，建立电子废弃物回收超市、3R 循环消费社区连锁超市等，构建线下的回收网络体系；二是创新回收模式，利用"互联网+"技术，建设"互联网+分类回收"网络体系，开发 APP 等软件，实现线上交投，线下回收。通过建立电子废弃物网络管理体系，解决电子废弃物回收难和环境污染等问题。

第二，建立电子废弃物信息管理体系。搭建格林美再生资源综合生产管理系统、ERP 企业资源管理系统和视频监控管理系统，利用电子单证技术实现对电子废弃物从回收、运输、入库、拆解到销售等所有环节进行全方位信息化管理，实现生产管理原始数据可查，结合企业推行 ERP 管理系统，实现电子废弃物信息化协调管理。建立覆盖电子废弃物从回收入厂到入库、每个拆解工位以及每个销售环节的实时视频监控系统。通过管理系统实时监督核查各个环节，对现场动态及时改进，使信息追溯可查，不断提升电子废弃物循环利用管理水平。

第三，构建电子废弃物循环利用工装技术体系。以提升电子废弃物循环利用过程的环境管理水平为原则，利用格林美现有的电子废弃物处理技术，开发先进的循环利用技术和环保管理技术及对废弃线路板和废弃液晶显示设备的无害化和资源化处置技术，解决行业发展技术难题。

第四，建设先进的中国电子废弃物管理体系。在实现资源效应和环保效应的基础上，进一步优化管理模式，从技术、装备、环保、资源管理、信息管理、宣传教育等多个方面提升管理水平，探索出先进的电子废弃物管理模式。建立完善的内部审查体系，通过不断循环审查，进行自我提升，实现全流程的 PDCA 循环管理。

通过实现以上四个方面的目标，最终形成电子废弃回收全流程的高效环保管理体系，从而使格林美成为我国电子废弃物行业标杆。

三 项目完成过程中遇到的问题与解决方案

问题一：目前我国的再生资源回收管理体系有一定的局限性，对价值高的再生资源回收状况好，对价值低、环境污染严重的废弃物难以实现有效回收和处置。

解决方案：通过在各大城市的机关事业单位、学校、企业、社区街道、商业网点等区域设立废旧电池回收箱，建立电子废弃物回收超市、3R 循环消费社区连锁超市等，将社会闲散的回收商贩、环卫工人等一线回收队伍整编起来，构建完善的再生资源回收管理体系，实现对垃圾的有效分类和资源的有效回收。采用互联网技术，建立以"回收哥"为形象主体的"互联网＋分类回收"模式，开发手机 APP，通过格林美自建回收队伍和加盟的方式壮大回收队伍，开展线上交投、线下上门回收的先进互联网回收管理模式，构建开放的循环消费体系，实现废弃物源头分类、回收运输分拣、绿色环保处理。格林美公司在回收时向各交投单位发放减碳积分卡，以此作为政府机关、事业单位的碳评估考核依据，市民每一次的回收行为均可实时记录、累计，并可在信息终端跟踪查询，另外该行为可量化为减碳值，减碳值可在格林美 3R 超市兑换相应积分的低碳产品。

问题二：不同企业对电子废弃物的管理方法不同，且不同企业的经营理念和管理水平也不同，导致难以保证每个企业都能精细到对每台电子废弃物的信息进行实时跟踪。

解决方案：建立了电子废弃物回收管理信息平台。搭建格林美再生资源综合生产管理系统，将视频监控系统、ERP 管理系统应用到电子废弃物资源化处置的全流程中，覆盖了电子废弃物社会回收、运输到厂、分类入库、生产领料、资源化处置、产品入库、市场销售的一系列物流环节，在每一个环节中，通过视频监控、无线识别技术的信息采集、生产经营数据处理，实现了从原料进厂到产品出厂的全流程信息跟踪、逆向追踪、数据分析、生产预警等信息化管理。所有电子废弃物生产经营的数据汇总到格林美再生资源综合生产管理系统中，在物流环节，通过 PDA 终端的无线识别，自动录入生产信息数据。再生资源综合生产管理系统与 ERP 管理系统实现信息自动匹配导入。电子废弃物原料在入库时，为每一台电子废物建立条形码"身份证"，"身份证"上有抓拍图片和该原料的名称、规格、重量、供货方、入库时间、笼号等信息。该"身份证"信息一直保留到生产拆解环节。在贮存与生产环节，只要用手持 PDA 扫描"身份证"条形码，系统即可显示该原料目前所处的生命状态，如存储仓库、领料出库、生产拆解等信息。在销售管理环节，同样进行条码管理，可以实现对电子废弃拆解产物的去向进行实时追踪。

问题三：行业拆解方式粗放，分拣加工资源化技术水平落后。

解决方案：对不同种类的电子废弃物及其存在的环境风险进行研究。格林美与行业内的专家合作研究解决行业技术发展难题，寻求实现资源最大化的生产模式，生产先进的资源化回收装备，解决资源化过程中污染控制问题，杜绝二次污染。通过理论的研究和实践的探索，格林美开发了先进的电子废弃物循环利用拆解线，实现精细拆解，提供先进的负压拆解环境，避免粉尘、废气的扩散，杜绝二次污染。此外，格林美还研发出基于工业4.0的废液晶显示屏智能分离回收关键技术，采用拥有自主知识产权的新一代铟电解装置进行绿色分离回收，将废液晶屏进行物理分离，提取铟精矿，通过模块化真空裂解和尾气综合处理技术，实现了电解控制的自动化和可视化，将铟精矿的品位由4.9%提高到10%以上。格林美建设了中国第一条利用电路板低温裂解生产线，开发了电路板高效脱锡、元器件无损分离、低温连续全自动热解处理、含铜物料高效还原熔炼与电解的集成创新技术，实现了废弃电路板中金银等稀贵金属的高效清洁回收，有效解决了废弃电路板火法处理过程中能耗高和二噁英处理难的问题。

问题四：电子废弃物种类繁多，拆解产物难以分类，难以形成统一的规范标准管理体系。同时，行业内对电子废弃物的管理只能依靠企业自觉和政府部门的监管。企业是业务经营的主体，自查时难免会出现纰漏；而政府监管部门面向全国，难以对所有的企业进行全面监管。

解决方案：针对行业存在的管理水平低的共性问题，格林美从提升电子废弃物资源化技术水平开始，考虑回收过程的资源效益和环保效益，研制流程化、机械化的生产技术新装备，提升行业技术水平。格林美将电子废弃物拆解产物按照品类的不同，进行多级分类，细分出239种编码，对有深加工环节的根据深加工原料的不同，在现有239种编码的基础上，再细分出155种，形成从原料到产品的网络化分类结构和统一的管理数据基础。

电子废弃物的回收处置是国家资质许可类经营业务，为了解决政府部门难以全面监管企业的问题，提升企业自我监管能力，格林美建立了独立的第三方内审机制，即聘请全国行业内知名专家，成立电子废弃物监管内部审核组，审核组的运行管理不受电子废弃物经营业务的限制，可对集团的电子废弃物业务进行独立审核，按季度进行循环审查，审查结果直接报送集团电子废弃物管理办公室，再由集团电子废弃物办公室根据审查结果在集团范围内开展整改工作，通过不断地执行、检查、改进，提升电子废弃物的回收管理水平。

问题五：电子废弃物环境管理复杂，要求严格，行业内难以形成规范的环保管理标准。

解决方案如下。

（1）提升环境管理水平

公司制定了格林美 ISO14000 环境方针：生态设计，全程治理，清洁生产；降低消耗，节省资源，节约能源；循环使用，减少排放，达标排放。格林美每年组织环保管理培训达 80 余次，参与人数 8230 人次，全面提高了员工的环保意识和专业理论水平。

（2）修订环境管理制度

公司实时关注国家环保政策动态，以国家相关的环保法律、制度为依据，制定并修订公司各项环境管理制度，颁布"电子废物运行十三条禁令"等易于操作的生产管理禁令，确保环境管理有据可依。各产业园区根据生产现状制定了符合各园区的环境风险应急预案，组织开展多种形式的应急演练，使污染事故防患于未然。

（3）制定环境管理措施

①采用污染控制技术。

在废气管理方面，针对物理处理会产生废气的现状，按照废气类型分别采用布袋除尘、水膜除尘、载硫活性除尘、载银活性除尘等工艺技术；针对深加工过程产生有机物等特殊废气的情况，采用多级处理技术，如中温干馏、高温处理、低温分离、膜置换等工艺将有毒害的有机物分解成无毒害的小分子，剔除重金属等废物。

在废水管理方面，使用全自动分离提纯装备，根据废水中污染元素的不同，依次实行氨回收、重金属回收、盐回收，将废水中可回收利用和有毒害的元素分别提取出来，使废水达到回收标准。同时，在车间和厂区排放口分别安装环境在线检测设备，实时监控废物排放过程和处理情况，各类检测数

据与当地的环保管理部门对接，真正做到阳光、透明、环保。

在固废管理方面，格林美建立有毒性评价中心，使用德国斯派克的ICP、日本岛津的 X 射线荧光分析仪、美国 FEI 场发射电子显微镜对固体废物中的毒性进行分析，做出毒性评价。

在环境质量管理方面，格林美在厂区范围内与当地的环保管理部门共同建设了环境质量检测站，对方圆 5 公里的环境质量进行实时在线检测和分析，对大气中的 30 多种常规和特殊因子进行检测分析，检测和分析的数据为当地环保管理部门进行环境管理的原始数据。

②完善污染控制设施。

公司坚决履行"强化环境管理，向污染宣战"的承诺，不断加大资金和技术投入，完善各个环节的污染治理设施。2017 年，在环境治理方面投入资金达 33195 万元，开展环境治理和污染防治项目 128 项①，逐步形成了电子废弃物循环利用、环境污染治理与在线检测的污染控制系统。

③进行环境风险控制。

公司将环境保护管理和环境风险管理相结合，通过第三方的环境责任保险，最大限度地降低突发性环境污染事故的发生概率，降低环境污染风险，保障环境安全。公司为相关园区购买了环境污染责任险，为园区所在地周围居民提供环境污染经济补偿保险，有利于发挥保险机制的社会管理功能，提升环境管理水平。

（4）采取环境整治措施

公司环保部门有对生产过程中环保违规操作的监察执法权，落实"自查、互查、他查"三级联防，从源头上杜绝"跑冒滴漏"（跑气、冒水、滴液、漏液）。2017 年，公司自查各类环保违规行为隐患，整改 52 项，其中停产整顿 1次②，对各类环保违规行为说"No"，发现一起，整改一起，凡触碰环保高压线的，一律实行零容忍制度。通过采取这些举措，公司全年未出现被政府环

---

① 《2017 企业社会责任与环境管理年报》，格林美股份有限公司，2018。
② 《2017 企业社会责任与环境管理年报》，格林美股份有限公司，2018。

保管理部门认定为重大环保违规的情况。2017 年，集团各分、子公司内部对环保违规行为进行处罚，累计 98 次，处罚金额 98400 元[①]。通过杜绝环保违规事故的发生，环境管理不再是"棉花棒"，而是"撒手锏"。

（5）提高节能减排效益

格林美公司持续推进清洁生产审核制度，提出"节约能源、降低消耗"的战略方针。2017 年，公司处理电子废弃物 450 万台，环境绩效相当于节约石油 1961 万桶，节约标准煤 403 万吨，使 1959 公顷森林免遭砍伐，循环利用水 1158 万吨，减排二氧化碳 1058 万吨[②]。公司开展的"促生产，降消耗"活动，能源管理中心高度重视，积极响应号召，建立和完善了能源管理体系，确定节能目标，并逐步分解和落实。

在安全管理方面，随着格林美的不断壮大，公司每年完善安全管理的组织机构建设，加强专业化团队建设，加强安全培训，完善安全管理制度，严格贯彻落实"生命高于一切，不安全、不作为"的安全观。集团每年组织安全生产会议、安全生产知识学习和培训、专题讲座及应急演练等达 700 余次，每年参加安全活动的人数超过 18000 人次。为了进一步强化对安全隐患的排查和整改，彻底消除安全隐患，公司创新 8S 现场管理体系，对重大危险源和重大施工现场安全采取强有力的防控手段。

在职业健康方面，公司建立了完善的管理制度，如劳动防护用品管理制度、职业卫生"三同时"管理制度、职业病及职业中毒管理制度、职业健康体检制度等，以确保职业健康管理工作得以落实。

四 项目成果

（一）特色与创新

第一，格林美创建了线上线下相结合的再生资源分类回收管理模式。利

---

① 《2017 企业社会责任与环境管理年报》，格林美股份有限公司，2018。
② 《2017 企业社会责任与环境管理年报》，格林美股份有限公司，2018。

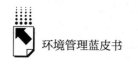

用"互联网＋分类回收"开发了以"回收哥"为形象主体的线上交投、线下上门回收模式。解决了居民废弃资源交投难的问题。同时，在国内首创电子废弃物回收超市，在世界首创3R循环消费社区连锁超市，让回收工作走进千家万户。

第二，格林美实现了对电子废弃物工业化与信息化管理的深度融合。格林美是全国第一家对电子废弃物全流程实现工业化与信息化深度融合的企业，全国第一家将电子单证应用到电子废弃物拆解，同时也应用到电子废弃物拆解产物管理的企业，实现了对单台电子废弃物信息的追踪，对拆解产物进行条码信息追踪。集团的再生资源综合生产管理系统可以对格林美各资源化拆解基地的回收处理数据进行实时统计汇总，并通过视频监控系统实现对所有拆解基地进行实时查看，互相监督。

第三，格林美的信息化管理在行业内树立了模范带头作用，格林美被列为全国第一批电子废弃物信息管理试点企业。在全国再生资源行业信息系统培训会议上，原国家环保部将格林美作为唯一一个信息化管理的范例样本，供全行业企业学习。

第四，格林美引领了我国电子废弃物回收管理行业的技术水平。格林美在电子废弃物回收管理过程中，不断实现技术创新，研发先进的生产技术装备，提升资源性和环保性，组建了国家电子废弃物循环利用工程技术研究中心，引领行业技术发展。该公司研发出具有国际领先水平的废液晶屏智能分离再生关键技术及装备，解决了废液晶屏资源化利用和无害化处置的难题；利用自主专利技术，建设了我国唯一一条废线路板低温裂解无害化处置利用的生产示范线。通过对废液晶屏和废弃线路板有效回收利用关键技术的研发和应用，推动了电子废弃物拆解行业和有色冶金技术的进步，提高了环保处理水平，充分体现了"资源有限，循环无限"的产业理念。

第五，格林美是在行业内率先实行第三方外审机制的企业。电子废物处理具有较高的环境风险，同时也是不断发生变化的一种先进废物，处理企业需要持续不断地改进技术和提高管理水平，实现各种废物的无害化处置。格林美建立了专业的环境和技术内审团队，聘请第三方技术和环保管理专家带队核查，重点审核环境管理规范性和技术先进性，评估各工厂的环境风险，提高环境管理绩效。团队不受电子废弃物业务管理的限制，直接受集团领导，这样就避免了电子废弃物经营管理部门的干扰，体现了外部审核查的公正性。

第六，格林美建立了"六化"中国电子废弃物管理模式。建设了电子废弃物的"流程化、机械化、无害化、资源化、信息化、教育化"的先进管理模式，改变了人们对再生资源回收利用行业脏、乱、差的社会认识，公司接受社会各界监督，"阳光透明做环保"。

（二）解决的实际问题

本项目的实施，解决了电子废弃物回收难的问题，实现了对拆解过程中环境风险的控制，通过管理模式的优化，提升了资源的回收率，降低了拆解过程的不规范性，降低了环境污染风险。同时，通过信息化管理的实施和视频监控的追溯核查，解决了政府在环保监管过程中存在的不能全方位覆盖的问题，信息系统可实时查验企业生产管理的各个环节。通过内审核查机制提升了企业的自我约束力和责任感，最终形成了电子废弃物高效回收利用的环境管理体系。

（三）经济和社会效益

通过创新管理模式，格林美 5 年内在全国构建了 7 大电子废弃物拆解基地，各基地均复制了管理模式。格林美江西公司信息化试点工作的成功，使其连续三年成为全国电子废弃物拆解规模最大的企业。

该项目的实施，提升了电子废弃物资源化利用行业的管理水平，促进了我国电子废弃物回收利用技术水平的提升。虽然我国对电子废弃物的回收管理晚于世界其他发达国家，但是我国在学习国外先进管理水平的基础上不断创新，技术管理水平已经超过了美国、日本等发达国家。同时，改变了人们对传统的废弃资源利用脏、乱、差的社会认知，提升了社会对废弃资源回收的关注度和环境保护意识。在电子废弃物中存在废电路板、废荧光粉、废油

等危险废物，本项目的实施，实现了对这些危险废物的全流程管控，降低了环境风险，提高了环保效益。

附 企业简介

格林美股份有限公司是国家电子废弃物循环利用工程技术研究中心的依托单位，是中国循环经济与绿色产业的实践者与先行者之一，先后被授予国家循环经济试点企业、国家循环经济教育示范基地、国家"城市矿产"示范基地、国家资源再生利用重大示范工程、全国中小学环境教育社会实践基地等称号。

创新探索篇

Innovative Exploration

B.13
水泥窑协同处置废物新型
商业模式的构建与实践

姜雨生　张作顺*

摘　要： 我国水泥企业利用水泥窑协同处置废物起步于20世纪90年代，并在发展过程中形成了传统的商业模式。由于涉及跨行业管理和运营，水泥企业尽管投入相当大的人力、物力和财力，但在发展过程中依然面临重重困难，传统模式存在成本高、效率低等诸多问题。在此背景下，经过多年探索，北京金隅红树林环保技术有限责任公司提出了"辐射型预处理中心与水泥企业终端处置"相结合的新型商业模式，即通过专业环保公司建设并运营废物预处理中心，实现单个预处理中

* 姜雨生，博士，高级工程师，就职于北京金隅红树林环保技术有限责任公司，水泥窑协同处置废物技术专家，研究方向为固体废物处置技术；张作顺，博士，工程师，就职于北京金隅红树林环保技术有限责任公司，研究方向为水泥窑协同处置废物技术。

心辐射周边多个水泥企业，预处理中心产生的预处理产物转运至水泥企业，由水泥企业负责终端处置。实践证明，该模式有助于水泥企业快速转型发展，具有较好的经济效益、社会效益和环保效益。

关键词： 水泥窑 协同处置 预处理中心 终端处置

一 水泥窑协同处置废物现状分析

（一）背景

水泥业是支撑我国国民经济健康稳定发展的重要行业，2017年，我国水泥产量达到23.16亿吨，约占世界水泥产量的58%，从需求层面来看，未来将继续保持较高的水泥需求量。与此同时，在供给侧改革的背景下，国家对污染防治等环保要求逐年提高，水泥企业的发展将面临更大的挑战。

众所周知，水泥工业是资源能源密集型和环境敏感型产业，水泥业每生产1吨熟料平均需要1.57吨原材料；1吨水泥需要60～130公斤燃油或同等燃料，需要105千瓦时的电力。在水泥的成本中，能源占比超过40%，电力占比为14%～25%。全世界水泥行业的二氧化碳排放占全球的5%。由于我国水泥产量巨大，水泥工业能源消耗约占整个建材行业的70%，占全国工业能源总消耗的7%，碳排放占全国碳排放的10%，也是氮氧化物排放第三大户。

为改善水泥工业发展的现状，环保部发布了严格的环保标准——《水泥工业大气污染物排放标准》和《水泥窑协同处置固体废物污染控制标准》，通过提升对水泥行业的要求，控制污染物排放，倒逼产业结构调整和企业转型升级。

在此背景下，水泥窑协同处置废物成为我国水泥行业实现绿色转型、维持生存的重要筹码，利用水泥窑协同处置废物已成为我国废弃物处置及资源化利用技术的重要发展方向之一①。大量的工业副产品、固体废弃物、城市生活垃圾等可以作为替代原燃料进入水泥生产中，不仅可以减轻环境保护的压力，而且可以实现废弃物的资源化利用。理论上，1 吨水泥可以利用、消纳 1.4 吨固体废物作为替代原料。2011 年，我国水泥产量已经超过 20 亿吨，相应就具有利用、消纳 28 亿吨各类固体废物的能力；每年消耗煤炭约2 亿吨，如果其中 50% 由固体废物作为替代燃料，则可以处理利用 1 亿吨包括危险废物在内的有机废物。我国水泥行业的巨大生产能力，显示出其在处置废物方面不可忽视的潜力。

因此，推进水泥窑协同处置废物，可以实现一般工业固体废物，危险废物，生活垃圾、生活污泥等废物的处置，解决现阶段日益严峻的废物处置问题，同时可促进水泥行业降低能源消耗，建设资源节约型和环境友好型水泥企业，实现水泥行业转型升级、绿色发展。

（二）水泥窑协同处置废物工艺技术

水泥窑协同处置废物是指水泥工业在利用现代水泥生产技术生产水泥熟料的同时，将满足或经预处理后满足入窑要求的固体废物投入水泥窑，实现对固体废物的无害化处置过程。水泥窑可处置危险废物、生活垃圾（包括废塑料、废橡胶、废纸、废轮胎等）、城市和工业污水处理污泥、一般工业固体废物、动植物加工废物、受污染土壤、应急事件废物等。

与其他废物处置方法相比，水泥窑协同处置废物具有显著的优势：水泥窑工况稳定，热容大，水泥窑烧成带温度可达 1450℃（远高于其他焚烧炉）；烟气在水泥窑炉内停留时间较长，可以使废物在燃烧过程中产生的二噁英等有毒气体在水泥窑中完全分解；水泥窑系统处于负压状态，不易出现

---

① 彭政、任永、孙阳昭等：《我国水泥窑协同处置现状剖析和发展建议》，《环境保护》2016年第 18 期，第 44~47 页；富丽：《我国水泥窑协同处置废弃物现状分析与展望》，《建筑材料与应用》2012 年第 3 期，第 68~70 页。

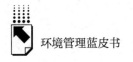

烟气粉尘泄漏等问题,且有害成分的排放也较低。[①]

根据废物的物理、化学等不同特性,结合水泥生产工艺流程,选择不同的投加点实现废物处置。废物投加点主要包括分解炉、烟室、主燃烧器、窑门罩、生料磨等,投加点位置如图1。废物经相应投料点投入水泥窑中进行处置,焚毁后的残渣进入水泥熟料中,布袋除尘收集的窑灰返回水泥窑中再进入水泥中,焚烧产生的烟气经布袋除尘后经窑尾烟囱排放。

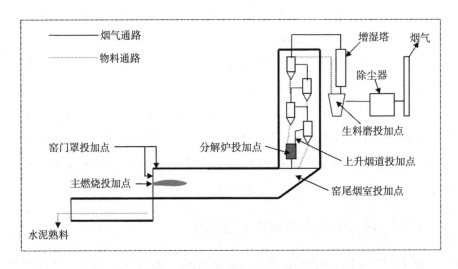

图1 协同处置废物投加点示意图

二 国内外商业模式发展情况

(一)国外商业模式发展情况

美国、欧盟等地水泥窑协同处置废物可以追溯到20世纪70年代。由于

---

① 王昕、刘晨、颜碧兰等:《国内外水泥窑协同处置城市固体废弃物现状与应用》,《硅酸盐通报》2014年第8期,第1989~1995页;刘姚君、汪澜:《水泥窑协同处置固体废物技术减排潜力与成本分析》,《水泥》2018年第3期,第11~14页。

遭遇能源危机，燃料价格上涨，发达国家和地区水泥企业通过将可燃废物作为替代燃料来降低水泥生产成本。美国及欧盟从立法、政策、标准多方面着手，推广水泥窑协同处置废物，促进和保障了水泥企业的转型①。

美欧等国家采用的成熟模式为：专业废物处置企业将废物制备成替代原料或燃料等产品，再卖给水泥企业。废物处置企业负责与废物产生企业接触，收集废物，对其进行预处理，并制备成产品；水泥企业直接采购替代原料或燃料，不与废物产生企业产生关系。这样，水泥企业只是采购了其他行业的产品作为原料或燃料，转型所面临的人才、技术、设备投入压力很小。

由于采用符合当地情况的商业模式和有国家层面的支持，经过多年的发展，美国超过68%的水泥企业使用替代燃料，替代率达到20%～70%；欧盟70%左右的水泥企业使用替代燃料，最终通过水泥窑协同处置废物实现了水泥企业成功转型。

（二）我国传统商业模式简介及其局限性

我国水泥企业利用水泥窑协同处置废物起步于20世纪90年代，并在发展过程中形成了传统商业模式，即水泥厂自身进行废物收集、运输、处置。由于涉及跨行业管理和运营，水泥企业尽管投入了相当大的人力、物力和财力，但在发展过程中依然面临重重困难，传统模式中成本高、效率低诸多问题非常明显②。传统商业模式存在的问题如下。

①废物收集、运输等工作需与不同的产废单位合作，特别是涉及危险废物处置时，传统商业模式中，水泥企业需增加大量的人员，致使水泥企业负担加重。

②针对不同废物预处理，水泥企业需建设相应的预处理生产线，预处理设备投入较高，且单个水泥企业无法消纳预处理生产线连续产生的废物，致

① 高长明：《对我国水泥窑协同处置废弃物技术发展的反思与建议》，《新世纪水泥导报》2018年第3期，第1～4页。

② 高长明：《我国水泥窑协同处置废弃物工程实践的回顾与展望》，《水泥技术》2018年第1期，第17～21页。

使设备运转率较低。

③在废物处置过程中，为保证废物连续、稳定入窑，并避免对窑况和熟料质量产生影响，需建立系统的处置流程和控制工艺，而水泥企业没有相关专业环保技术人员。

④水泥生产属于传统生产型行业，废物处置属于新型环保产业，行业间差异较大，采用传统商业模式的水泥企业没有相关管理经验。

三　新型商业模式构建

（一）新型商业模式内容

北京金隅集团（股份）有限公司拥有二十年的水泥窑协同处置废物经验，旗下的北京金隅红树林环保技术有限责任公司（简称"金隅红树林公司"）经过多年探索，在水泥窑协同处置废物商业模式构建中，创新性地提出了建立"辐射型预处理中心与水泥企业终端处置"相结合的新型商业模式，即通过专业环保公司建设并运营废物预处理中心，实现单个预处理中心辐射周边多个水泥企业，预处理中心产生的预处理产物转运至水泥企业，由水泥企业负责终端处置。

与传统模式相比，新型商业模式使环保企业和水泥企业分工明确，充分发挥各自优势，可快速使水泥企业通过水泥窑协同处置废物，实现转型发展。模式内容具体体现在以下两个方面。

①辐射型预处理中心。环保企业建设并运营废物预处理中心，预处理中心负责废物的收集、检测分析及预处理。废物在经过前期相对严格的分类收集以及具有针对性的检测分析的基础上，进行专业的预处理。不同类型的废物经过预处理后，可得到物理形态较稳定、成分波动小、便于输送入窑的混合废物或替代原燃料，可最小限度地影响水泥窑工况和水泥熟料质量，减少对水泥企业的负面影响。

②水泥企业终端处置。水泥企业负责混合废物的终端处置，利用水泥窑

系统中各工艺段进行布置，依据温度、风量、反应条件等特点，在水泥窑协同周围分别建设固体废物、半固体废物和液体废物入窑输送系统。利用各废物入窑输送系统，实现预处理后的废物均匀稳定入窑，实现废物无害化、资源化处置。水泥窑协同处置废物可实现资源回收利用，可以解决利用其他处置手段（如专业焚烧炉）所带来的产生废气、废渣等二次污染问题。

（二）主要管理做法

在整个商业模式构建方面，金隅红树林公司进行了系统的研究与实践，形成了服务于我国水泥企业转型发展的系统内容，主要管理做法如下。

1. 发挥环保企业主体服务职能

（1）搭建废物市场收集体系

废物收集是实现水泥窑协同处置废物的关键环节，在传统商业模式中，水泥企业依靠自身力量完成废物收集的困难和代价较大。金隅红树林公司自1999年起开展废物收集业务，建立了较为完善的废物收集体系，可覆盖北京地区80%以上的产废企业。在搭建废物市场收集体系的过程中，金隅红树林公司积累了丰富的实践经验，形成了分类收集、驻厂收集服务等多种先进做法，为废物预处理及终处置提供了原料保障。在水泥窑协同处置废物新型商业模式中，环保企业负责搭建废物市场收集体系，水泥企业不参与废物收集。

（2）提供关键工艺技术及建设方案

金隅红树林公司通过对现有废物预处理及处置核心技术的实践积累，形成了关键工艺技术及建设方案，可为该商业模式复制提供关键工艺技术及建设方案。废物预处理技术包括固态废物预处理制备替代燃料技术、半固态废物均质化预处理技术、半固态废物制备替代燃料预处理技术、液态废物预处理技术等。废物入窑处置技术包括固态废物入窑处置技术、半固态废物入窑处置技术和液态废物入窑处置技术。不同类别的废物及其不同处置规模形成了不同的工艺技术包模块，工艺包中包含工艺计算表、设备列表、工艺流程图、物料平衡图、主体设备图、工艺布置图以及建设投资估算等内容。每个

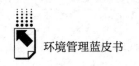

工艺包中又根据高、中、低三个投资档次配置了不同的工艺方案、主体设备选型，并进行优劣比较，可为新入废物处置行业的环保企业和水泥企业提供不同的技术及建设方案。

2. 提高对产废客户响应速度

利用水泥窑可协同处置的废物具有来源广、种类多等特点，为提高对产废客户的响应速度，金隅红树林公司根据多年经验，创建了废物特性快速检测体系和产废数据库，该数据库可根据客户产生废物的特点，对废物进行快速检测、收集、预处理和处置。

（1）创建废物特性快速检测体系

我国废物处置还处于起步阶段，与废物管理相关的各项法律法规尚在不断完善中。虽然在产废源头对废物进行分类管理方面已经开展了一些工作，但是与发达国家相比仍存在不小的差距。

在当前环境下，为了让到厂废物得到安全、快速、高效的处置，了解各类复杂废物的理化性质成为首要工作。经过多年不断地摸索，金隅红树林公司创建出一套适用于国内产废特点的废物快速检测体系，包含废物常规检测、特种废物专项检测、废物中有害元素与窑况结合检测等。公司创建的废物快速检测体系大大提高了废物检测速度，提高了检测准确度，使废物处置更加合理、高效，保障了预处理系统和水泥窑系统的稳定性。

（2）创建产废数据库

为了提升废物处置的效率，提高对产废客户的响应速度，金隅红树林公司创建了产废数据库，该数据库对不同行业产生的废物进行了分类，并详细说明各类别废物的外观、理化性质、预处理及处置方法，同时，根据日常经营情况不断对该数据库进行补充完善。该数据库具备信息查询、信息输入、信息更正、信息维护、信息共享等功能。通过使用该数据库，用户能更准确地查询废物特性，确定废物转入预处理中心的类型，能更快速地制定科学的废物处置方案，从而更合理地调配资源以安全高效地完成废物处理。

3. 提高废物信息化管理水平

金隅红树林公司将多年的管理经验形成了金隅环保物联网管理系统，提高了废物信息化管理水平，该管理系统界面如图2所示。在该信息化管理平台下，公司实现了废物处置全过程管理，提高了工作效率与管理水平。

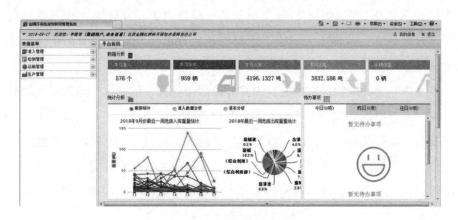

图2　信息化管理系统界面

信息化管理系统实现了废物从产生到最终处置全过程监控，总体流程可分为准入管理、检测管理、运输管理和生产管理4个方面。信息化管理系统使各项工作由一个整体的流程贯穿，各项工作之间关联约束，使流程的执行更加严谨有效。

目前，该信息管理系统已经在北京金隅红树林公司、北京金隅北水环保科技有限公司、北京金隅琉水环保科技有限公司、北京生态岛科技有限公司、河北红树林公司等得到推广和应用。

四　模式创新性

金隅红树林公司在建立"辐射型预处理中心与水泥企业终端处置"相结合的商业模式过程中，形成了多项管理成果创新，提升了水泥企业转型发展的水平，丰富了水泥企业利用水泥窑协同处置废物实现转型发展商业模式的内容，具有较好的推广示范效果，可为行业发展起到积极的借鉴作用。主

要创新成果如下。

①建立"环保公司+水泥企业"依托式发展模式，实现水泥企业快速转型发展。传统商业模式需水泥企业全流程建立废物收集、预处理及处置体系，因而实现转型发展的难度较大。"环保公司+水泥企业"依托式发展模式，使分工更加明确，环保企业负责废物收集和预处理，水泥企业只负责最终处置，这样大大减轻了水泥企业的负担，可实现水泥企业快速转型发展。

②建立大类废物区域内处置模式，保障预处理系统和入窑输送系统的运转率。由于废物来源多，特性不一，若建立综合性预处理中心，水泥企业需配套全面的入窑输送系统，不仅整体投资较大，而且运转率较低。因此，根据各地区产废特点和水泥企业特点，建立大类废物区域内处置模式，可以保障预处理系统和入窑输送系统的运转率。可以重点针对某区域内的一类或几类废物，专门建立相应的预处理设施和入窑输送系统。

③建立废物全流程信息化管理模式，实现废物专业化、集中化管理。随着废物产生种类和数量的不断增加，传统依靠人工管理的经营模式已不能满足企业的需求，为此，公司创建了全流程信息化管理平台，实现了废物废物专业化、集中化管理，提高了废物管理和监控水平，加强了公司日常经营过程中的风险控制，显著提高了各协作部门的工作效率。

五 取得的效益及可推广性

从 2011 年开始，北京金隅红树林公司在多年技术提炼和运营管理经验积累的基础上，结合北京市场情况，建立了"辐射型"预处理中心，通过在北京生态岛公司和北京水泥厂厂内建立预处理中心，辐射北京地区的处置危废水泥企业，包括北京水泥厂、北京琉璃河水泥厂、北京太行前景水泥厂等，在水泥企业实现危险废物最终处置，废物处置运营效率显著提高，其中单个水泥企业的替代燃料利用量可增加至 8000 吨/年。在预处理中心的支撑下，2017 年，北京水泥厂已实现替代燃料率超过 10%。

该新型商业模式获得了广泛的认可，有助于水泥企业实现快速转型发展，可以取得较好的经济效益、社会效益和环保效益，具有广阔的行业发展前景。

（一）经济效益

目前，国家对环保要求越来越高，水泥企业普遍面临转型压力，在这种情况下，采用水泥窑协同处置废物是发展趋势。在这种形势下，开发"辐射型预处理中心与水泥企业终端处置"相结合的商业模式，将会为水泥企业节约大量的投资成本、研发成本以及时间成本，具体表现在以下几个方面。

①以"辐射型预处理中心与水泥企业终端处置"相结合的模式开展废物处置业务，由具有丰富废物经营管理经验的环保公司建成废物预处理中心，对接水泥企业，由水泥企业实现最终处置，将极大地减少设施重复建设投资的费用。以河北燕新水泥厂为例，采用"辐射型预处理中心与水泥企业终端处置"相结合的商业模式后，年处置废物8000吨，燕新水泥厂仅投资1000万元，用于建设废物入窑输送系统，由河北金隅红树林公司负责建设预处理中心。若采用传统商业模式，燕新水泥厂需投资3500万元，用于建设废物预处理系统（含厂房）和废物入窑输送系统。采用新型商业模式，经济效益明显，可使水泥企业的投资减少70%。

②废物预处理中心拥有专业的实验室和技术研发部门，并拥有众多有丰富研究经验的科研人员及多项协同处置相关的专利成果，与转型中的水泥企业相比，技术优势明显。

③依托环保企业建设废物预处理中心，将大大缩短中心的建设时间、人才培养时间、技术研发及孵化时间，加快国内水泥企业转型进程。

（二）社会效益

目前，国内水泥行业产能过剩严重、环保压力大，在这种情况下，相比于淘汰水泥企业，然后建设诸如垃圾焚烧发电厂、专业焚烧炉等场地设施进

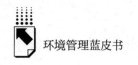

行工业废物处置，提倡水泥企业牺牲部分产能的做法，转型并开展水泥窑协同处置废物业务，是一条更科学合理、更加符合循环经济理念的道路。

国内水泥企业在废物协同处置领域普遍缺乏技术和经验，在这种背景下，推广"辐射型预处理中心与水泥企业终端处置"相结合的模式，业内领先环保企业建立废物预处理中心，为周边水泥企业开展协同处置业务提供技术支持与物料供给，在当前政策支持下，必将迅速实现水泥企业转型。

推广"辐射型预处理中心与水泥企业终端处置"相结合的模式，环保企业将建立废物预处理中心，带动更多水泥企业快速实现环保转型，不仅能为社会提供更多的就业机会，也能解决因水泥生产企业关停可能带来的失业和社会稳定问题。

（三）环境效益

以"辐射型预处理中心与水泥企业终端处置"相结合的模式开展工业废物处置工作，充分发挥专业废物处置企业与水泥企业的特长，是实现废物无害化、减量化、资源化的重要技术途径，也是低成本、大规模处置废物的重要措施，可以避免废物占用土地，污染土壤、水源和大气，影响作物生长，危害人体健康等负面影响，也能避免废物因直接处置可能产生的二次污染。其在为企业创造经济效益的同时，也能带来良好的环境效益。

（四）行业发展前景

水泥窑协同处置废物模式具有投资小、运营成本低、处置种类多、处置能力强、无残留等优势，在众多废物处置技术中，已成为一个非常重要的技术手段。协同处置废物已成为水泥企业转型发展的重要内容，目前国内很多水泥集团、环保集团已纷纷出台环保产业发展战略规划，将水泥窑协同处置业务列为重点发展方向。

推广"辐射型预处理中心与水泥企业终端处置"相结合的模式，能够有效整合国内现有技术资源、信息资源、人脉资源，全面推进水泥窑协同处置固体废物的进程，对加速水泥企业转型，加快我国循环经济发展，推动我国资源节约和综合利用及建设资源节约型社会具有重要意义。

附　企业简介

北京金隅红树林环保技术有限责任公司隶属于北京金隅集团（股份）有限公司，成立于1999年4月，注册资金16.98亿元，是北京市最大的工业危险废物专业处置单位，是国内首家利用水泥窑协同处置废物的环保企业。公司致力于解决城市环境问题，在水泥窑协同处置危险废物、生活污泥、飞灰、生活垃圾、污染土壤等方面，已成为国内领先企业。北京金隅红树林公司每年利用水泥窑协同处置危险废物超过10万吨，服务客户超过3000家，处置量占北京市危险废物处置量的90%以上。同时，北京金隅红树林公司致力于水泥窑协同处置废物技术的工程化推广应用，推广客户超过30家，遍布于北京、天津、河北、山西、浙江、内蒙古等地区。

B.14
浅谈新时代环保装备制造业的
服务化转变

杨仕桥 *

摘　要： 环保装备制造业的服务化转变，要从内涵转换和融合生产性
服务业入手。以中国光大国际有限公司（简称"光大"）发
展为例，该公司的内涵转换针对国内污染物理化特性，自主
研发打造光大核心炉排炉系列产品，并针对客户个性化需求，
提供产品非标准化定制服务；顺应垃圾焚烧处理产业不断细
化的市场需求，积极拓宽烟气净化、渗滤液处理等成套系统
产品研发领域，取得成熟的技术成果；同时，充分研究电厂
建设运营模式和国家政策导向，推出涵盖技术咨询、项目建
设、委托运营、EPC 一体化、售后服务等的多样化服务模式。
其融合生产性服务主要指利用外包服务型资源，光大推动
"互联网＋"与现代制造业结合，着手推进自动化车间、内
外部供应链信息化远程管理系统建设，优化自身的生产过程
和供应链管理环节。下一步光大有意借助外部成熟的仓储物
流平台进行协同联动，有效控制企业物流运输管理成本。

关键词： 服务化　CPS 客户参与　生产性服务业　信息化生产管理

---

* 杨仕桥，工程硕士，高级工程师，中国光大国际有限公司副总经理，研究方向为高端环保装
备制造。

一 前言

20 世纪中后期，随着国家工业化、信息化的进程加快，我国的产业结构经历必然性的优化与升级。21 世纪以来，受制于自然资源的有限开发，为了满足社会丰富多样的需求，服务业蓬勃发展，其发展态势正逐步超过传统第二产业，成为经济增长的新引擎。数据显示，2016 年，我国 GDP 总值达到 743585.5 亿元，第三产业的贡献率达 57.5%，第一、第二产业的贡献率分别为 4.3% 和 38.2%（中华人民共和国国家统计局，2016）。现代服务经济的发展与成熟在传统制造业的服务化转变上也得以体现。

对制造业服务化转变方向的研究主要分为两类：一类研究服务化的内涵转换，即制造业转向"以服务为中心、以制造为辅助"的过程，或是加大客户参与、服务要素投入和供给，最终实现价值增值；另一类研究生产性服务业与传统制造业的融合，对制造业竞争力的提升作用[1]。

环保装备制造业的服务化转变，同样需要从内涵转换和融合生产性服务业入手。前者是指针对污染物理化特性及客户需求，提供产品自主研发及个性化定制服务，并推出涵盖技术咨询、项目建设、委托运营、EPC 一体化、售后服务等的多样化服务模式；后者是指利用外包服务型资源，优化自身的生产过程和供应链管理环节，从而使服务化覆盖研发制造、市场开发、生产供货、售后保障的全生态系统。

二 环保装备制造业服务化的内涵转换

学术界关于制造企业服务化转变的研究中，"servitization"一词被用来描述制造企业的服务转型，其本质在于认为制造业的服务创新和服务转型活

---

[1] 胡昭玲、夏秋、孙广宇：《制造业服务化、技术创新与产业结构转型升级——基于 WIOD 跨国面板数据的实证研究》，《国际经贸探索》2017 年第 12 期，第 4～21 页。

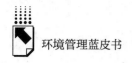

环境管理蓝皮书

动是涉及组织能力和过程的一系列创新，从产品的销售转向产品－服务系统的销售，以创造更高的价值。制造企业的产品多包含大量附加服务，或以制造产品和服务相结合的方式出现。① 如今，随着服务业的蓬勃发展，传统制造业以产品技术、质量、价格为竞争优势的现状逐渐得以改变，"服务实现价值增值"成为制造业转型升级的新话题。

（一）核心产品自主研发定制

装备制造业的服务化转换早已在传统汽车制造业中得以实践。在生产制造端，由互联网的信息直联特性推动的 C2B 模式（Consumer to Business，消费者到企业），实现了为消费者提供个性化定制产品。

环保装备制造业根据客户需求为其提供定制服务时，应充分调查处理污染物的性质、浓度等理化属性和所在地域自然地理条件，实现产品的"因地制宜，对症下药"。

针对国内垃圾普遍具有高水分、高灰分、低热值的特性，光大早期引进了德国马丁逆推式机械炉排炉技术。同时，为拥有自主知识产权，打造产品核心竞争力，光大自主研发了顺推式倾斜多级往复式炉排炉，该炉排炉具有顺推及翻动等多种调节功能，使设备运行更稳定，磨损小，耗材更换率低，垃圾焚烧技术使垃圾焚烧平均全厂热效率从 21% 提高到 30% 以上，热效率提高的同时，其能源转化率也得到了提高，并达到国际先进水平，系列炉排炉产品获得欧盟"CE"产品认证。产品设计了 300 吨／日～850 吨／日七种型号以供选择与组合，满足不同规模城镇对每日垃圾处理的需要。同时，考虑到国内不同地域的特殊自然条件，对东北、南方地区输出的产品进行特殊的设计变更。例如，为解决东北地区冬季垃圾结冰问题，在标准 750 吨／日炉型的基础上增加一单元干燥段设计；针对南方地区空气湿度大的特点，增加炉膛内垃圾燃烧面积，确保产品在各地运行均能保持稳定的热效率。

① 曲婉、穆荣平、李铭禄：《基于服务创新的制造企业服务转型影响因素研究》，《科研管理》2012 年第 10 期，第 64 页。

自 2012 年 9 月投产至 2018 年，公司提供的环保智能装备已成功应用于江苏、山东、安徽、广东、广西等 16 个地区 70 多个城市，在国内市场占有率较高。以国内为基地，放眼海外，光大通过前期调查，发现东南亚地区生活垃圾特性与我国极其相似，该地区适合使用光大自主研发的焚烧炉排炉产品。光大技术装备公司将东南亚作为辐射海外市场的第一片区，积极参与竞标，目前光大炉排炉已成功出口印度、越南等国家。

同时，公司支持对产品的"非标准化"改造以满足客户的具体需求。基于客户提出的垃圾电厂前期建设过程中受限的地基基础、厂房空间条件，经过实地踏勘后，公司对焚烧炉排炉完成结构设计变更，典型的案例是为了实现对原流化床项目的改造，光大特别增设了 600 吨/日的炉型。目前，公司参与的多个改造项目已正式投入运营。

（二）成套设备供应服务

光大技术装备公司的核心产品为自主研发的多级液压机械式生活垃圾焚烧炉排炉，但公司的销售模式并不局限于核心设备供应。除此之外，光大技术装备公司还逐步取得了各大系统成套设备供货资质，如垃圾焚烧发电传统的锅炉岛、烟气净化系统，为更好地解决中国垃圾"高水分、低热值"问题而设计出的渗滤液处理系统，以及具有较强专业性的危废、餐厨垃圾整套处理系统。

光大烟气处理技术消化吸收国际主流技术，结合多年运行经验，不断优化提升原有技术，形成了具有光大特色的先进技术。所有设备均通过 CFD 模拟优化了系统效率，系统脱酸效率可达 99% 以上，脱硝效率可达 90% 以上，除尘效率可达 99.99% 以上，排放优于欧盟 2010 标准，达到近零排放。渗滤液处理系统已形成第三代"超滤 + 微滤 + 反渗透"的成熟工艺技术，系统产水率高，无浓水产生，出水率达到 100%，近年来公司接连获批"固废无害化和资源化工程技术研究中心""餐厨垃圾资源化利用和无害化处理工程研究中心"。为满足不断细化的环境治理市场综合需求，光大技术装备公司在垃圾处理系统专业领域不断拓宽研发范围。

（三）多样化客户服务模式

除提供传统装备制造业设备外，公司还研究了国内垃圾焚烧发电厂的建设及运营模式，将满足客户的需求聚焦于设计－运营－售后整个环节，业务合作服务模式涵盖了项目个性化设计、全程技术咨询及技术服务、系统调试服务、委托运营或运营培训、备品备件销售与大修服务，以及整体/分项工程EPC一体化服务。

EPC工程总承包项目因其具有责任明确、管理便捷、成本低、工期短、质量高、管控高效等优势，能有效满足客户的需求，迅速成为建设项目合作模式的新趋势。2016年，住建部陆续发布了《关于进一步推进工程总承包发展的若干意见》《住房城乡建设事业"十三五"规划纲要》，明确大力推行工程总承包，各级政府积极响应。在客户需求和政府政策的双重推动下，EPC服务的发展势不可当。光大立足于垃圾焚烧发电业务，推出包括设计、基建、安装、调试在内的总承包服务，现已接连中标，项目建设工作正在推进中。

（四）售后保障服务

美国通用电气利用基础的物联网传感器，实现了向生产服务型制造的转型。借助于工业互联网和数字化信息处理，在喷射引擎中的每一片涡轮叶片上安装传感器，实时将发动机运行参数发回监测中心。通过对发动机状态的实时监控，提供及时的检修维保服务；同时，将收集到的数据建成模型，模拟飞行过程中引擎的运作状态。这一做法对传统制造业产品售后保障有借鉴意义。随着服务理念的深化，传统制造业的售后服务从被动维护到主动监控，防患于未然。

光大技术装备公司已着手建立一套基于物联网的智能运维中心监控系统，提高售后服务效率，加快对用户的维护响应速度，缩短故障修复时间。系统利用CPS重点的智能传感器、互联网、云存储以及大数据应用技术，对系统设备的制造资料、工艺运行参数、设备运行状态、故障信息、累计运行时间、历史趋势等资料进行收集、整理、存储、比对及分析。在数据建模、数据挖掘、数据分析的基础上实施预防性维护解决方案，并提出系统运行的优化方案和产品设计的优化建议。通过全方位的数据采集、多种类的报警处理、全流程的统计报表、多维度的界面显示，建立完善的设备档案管理；并利用采集到的设备运行参数，建立合适的数学模型对设备进行优化分析，找到最佳的运行状态和工艺条件。数据平台记录并追踪各个设备的运行轨迹，为设备维护和责任划分以及产品优化提供后台支持；为设备的实际运行提供更加合理的维修计划，保障生产，提高设备的利用率，同时缩短非正常停机时间。对于突发故障能够快速确定故障性质，提供解决问题的基本方案。

三　生产性服务业与制造业的融合

生产性服务业的概念最早由 Greenfield（1966）提出，其将生产性服务业定义为"企业、非营利组织和政府向生产而不是消费提供的服务，主要是生产企业外购的服务，如物流、数据处理等"①，这一含义后来被许多学者从各个角度解读和扩充。

据国家统计局 2015 年对生产性服务业的分类，货物运输、仓储服务，互联网信息服务，数据处理和存储服务等均名列其中。生产性服务业能够将技术和知识作为生产要素输送到装备制造业之中，为装备制造业结构升级提供支持②，提高制造业竞争力。

21 世纪，云、物联网和协同被认为是重塑全球化制造企业的关键技术和发展趋势。李克强总理在 2015 年政府报告中提到，制定"互联网＋"行动计划，推动移动互联网、云计算、大数据、物联网等与现代制造业相结合，推进"互联网＋物流"，既是发展新经济，又能提升传统经济。其意义

---

① 杨仁发：《生产性服务业发展、制造业竞争力与产业融合》，南开大学硕士学位论文，2013。

② 逄锦荣：《基于服务模式创新的物流业与制造业协同联动体系研究》，北京邮电大学硕士学位论文，2012。

一方面在于可以更好地客户服务，上文已进行概述；另一方面在于可以服务于自身生产管理和供应链管理，即将数据链条前端延伸到客户个人，后端连接到制造链条上的生产商和供应商。

（一）数字化、自动化车间生产

"制造业与互联网结合，让物理设备具有计算、通信、精确控制、远程协调和自治五大功能，由智能设备采集大数据，形成'智能决策'，为生产管理提供实时判断参考，反向指导生产，优化制造工艺。"这是 CPS 落地得以实现的终极智能化生产目标。在终极目标实现以前，网络化、数字化、自动化是沿途必经的改革之路。[①]

目前，光大技术装备公司已着手推进生产车间 2018 年自动化建设，计划完成焊接、搬运等常用工序的自动化改造，实现机器解放人力，数据实时监控，迈出建设数字化、自动化车间的第一步。自动焊接技术在传统汽车工业已大规模运用，在环保装备制造业的应用刚起步，这也是光大技术装备公司实现自动化的首选技术。

光大炉排炉总装自动化焊接工艺主要解决焚烧炉挡灰条、耳板、轴系等部位焊接工序效率低的问题。以设备年产 50 台（套）计算，总焊接量超过8 万片。自动化焊接生产线上线后，装配过程中的焊接工序可节省 8400 小时，相当于 3 个工人一年的工时。目前，该自动化生产线已完成可研调查，生产部门对自动焊接机器厂家完成考察和初评，预计在 2019 年初作为首批上线的车间自动化项目完成武装配备，正式投入使用。

（二）信息化、远程化的供应链管理

企业的供应链体系是内外部供应链管理的集成，同时，内部供应链管理要求做到生产制造管理与资源计划管理匹配协同，前者的典型系统为 MES

---

① 张建超、王峰年、杨少霞、袁硕：《关于制造业数字化车间的建设思路》，《制造业自动化》2012 年第 16 期，第 4～7 页。

系统，后者的典型系统为 ERP 系统。

远程监造管理系统应用于外部供应链管理。随着光大技术装备公司业务量的扩大，生产模式采用订单生产（make to order）方式，工厂和项目现场所需物料以委外加工非标设备、订购成套设备为主要加工方式。供应商进度管理监造工作完成得好坏成为业务开展顺利与否的重要节点。随着 MRP、ERP、MES、SCM 等信息技术的蓬勃发展，基于事件的集中管理技术在信息流的控制下得以发展。基于供应链过程设计的简洁性、协作性、动态性和集优化，采用信息化手段完成进度监造管理，可以使供应商能主动管理自身进度状况，提高工作效率。基于以上目的建设的远程监造管理系统，可以对订单获取、过程监造和发货全流程进行管理，描述软件内部信息获取、分析、应用、输出、存储的联系。

同步上线的信息化管理系统将作为公司内部供应链对公司进行管理。系统可以制定标准节点、工时、表单进行生产计划交期排定、物料流转与反馈预警；同时，系统通过点对点直达责任人的工作传递，可以提高执行的透明度和管理的效率；过程资料的完整留存，实时数据的采集与分析，也可以为决策者提供客观依据。并且，可以与外部远程监造管理系统协同交互，实现公司权责部门与外部客户、供应链管理信息的互通。

（三）物流仓储管理

现代服务业中生产性服务业的发展对制造业竞争力的提升已呈现显著的促进作用，其中物流、仓储的促进作用最大[1]。

物流业与制造业协同联动的本质是：通过在物流业与制造业之间共享资源、信息和数据等措施，实现协同物流，提高整个供应链过程的运行效率，实现全程客户价值最大化[2]。物流业与制造业的有效协同能提高企业应对外部环境变化的能力，减小来自政策调整、竞争加剧等的不确定风险。

---

[1] 崔纯：《中国生产性服务业促进装备制造业发展研究》，辽宁大学硕士学位论文，2013。

[2] 逢锦荣：《基于服务模式创新的物流业与制造业协同联动体系研究》，北京邮电大学硕士学位论文，2012。

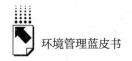

21世纪，网上商城的繁荣发展促进了传统物流业的转型升级，中国电子商务的发展倒逼物流业发展。2017年，京东物流子集团建立，其目的是打造全面开放的智慧供应链网络。目前，从传统第三方物流、自建物流、自建云仓库、云库存共享＋末端地区配送，到最终骨干网络＋城市配送共享，云平台已搭建起来。物联网技术可全程感知和监控车辆、货物、集装箱、仓储等的情况，同时对过程中的信息进行收集、处理和利用。制造业的物流运输管理可借助平台进行协同联动，有效控制企业物流成本。

附　企业简介

光大环保技术装备（常州）有限公司成立于2011年，是光大集团直属中国光大国际有限公司投资建设的集环保装备研发、制造、销售于一体的现代高新技术企业。作为一站式全方位垃圾焚烧发电产业服务商，公司通过自主研发、引进消化等多种方式，研制出行业领先的环保技术及成套装备，主要提供生活垃圾焚烧成套设备、烟气处理成套设备、渗滤液处理成套设备、危废焚烧成套设备、飞灰处理成套设备等的设计、研发、供货、安装、调试、售后等服务。

B.15
重庆市危险废物集中收集、
贮存试点实践及思考

杨水文　蔡洪英　王　娟　杨佩文*

摘　要： 本文通过对重庆市危险废物收集、贮存试点工作进行评估分析，总结了试点工作的经验和成效，同时指出了试点工作存在的主要问题。针对重庆市危险废物环境管理的实际情况，本文从统筹试点项目环保审批的程序和权限、进一步明确试点单位角色定位、完善和规范危险废物收费制度、完善危险废物集中收集体系等方面，提出了危险废物集中收集、贮存的对策和建议，为重庆市以及其他地区开展危险废物集中收集、贮存工作提供参考依据。

关键词： 危险废物　收集　贮存

一　重庆市开展危险废物集中收集、
贮存试点工作的背景

（一）政策背景

根据《中华人民共和国固体废物污染环境防治法》有关规定：危险

---

* 杨水文，研究生学历，就职于重庆市固体废物管理中心，副科长，高级工程师，从事固体废物环境管理和污染防治工作；蔡洪英，研究生学历，就职于重庆市固体废物管理中心，高级工程师，从事固体废物环境管理和污染防治工作；王娟，研究生学历，就职于重庆市固体废物管理中心，工程师，从事固体废物环境管理和污染防治工作；杨佩文，本科学历，就职于重庆市固体废物管理中心，助理工程师，从事固体废物环境管理和污染防治工作。

废物是指列入《国家危险废物名录》或者根据国家规定的危险废物鉴别标准和鉴别方法认定的具有危险特性的固体废物。从事收集、利用、贮存、处置危险废物经营活动的单位，必须申请领取危险废物经营许可证。根据《危险废物经营许可证管理办法》有关规定：领取危险废物综合经营许可证的单位，可以从事各类别危险废物的收集、贮存、处置经营活动；领取危险废物收集经营许可证的单位，只能从事机动车维修活动中产生的废矿物油和居民日常生活中产生的废镉镍电池的危险废物收集经营活动。

（二）拟解决的问题

近年来，随着重庆市社会经济的持续发展、人民生活水平的提高及环境监管力度的不断加大，工业危险废物和社会源危险废物产生量逐年增加。2016年，重庆市共产生工业危险废物54.09万吨、医疗废物1.93万吨[①]。据预测，到2022年，重庆市将产生危险废物91万吨、医疗废物3.9万吨、社会源危险废物1.4万吨。相对于大量的工业危险废物，中小企业产生的危险废物和社会源危险废物组分复杂、点多面广、量小分散，对当前重庆市危险废物集中收集、贮存工作提出更大的挑战，危险废物收集难的问题更加凸显。因此，迫切需要统筹规划建设危险废物集中收集、贮存体系，以满足不断增长的危险废物环境管理和集中利用处置需求。

为解决重庆市中小型企业和社会源危险废物收集、贮存难的问题，保证危险废物能得到及时、规范的收集、贮存，按照《危险废物经营许可证管理办法》《"十二五"危险废物污染防治规划》相关文件精神，重庆市于2017年在全市10个区开展危险废物集中收集、贮存试点工作，给试点单位颁发危险废物综合经营许可证。本文通过对重庆市危险废物集中收集、贮存试点工作进行评估，系统分析了试点工作中存在的主要问题，并有针对性地

---

① 《2016年重庆市固体废物污染环境防治信息》，重庆市环保局政府公众信息网，http://www.cepb.gov.cn/doc/2017/08/01/165248.shtml，2017-8-1。

提出相应的对策和建议，希望为重庆市以及其他地区危险废物集中收集、贮存工作提供参考依据。

二 重庆市危险废物集中收集、贮存试点方案

（一）试点范围

试点范围为重庆市万州区、涪陵区、沙坪坝区、九龙坡区、渝北区、巴南区、长寿区、江津区、璧山区、两江新区10个危险废物监管重点地区。

（二）试点内容

①各试点区内只设1个危险废物集中收集、贮存设施。

②试点单位可以集中收集、贮存市内机动车维修行业产生的危险废物、危险废物年产生总量在3吨以下的企事业单位产生的危险废物（医疗废物除外）。

（三）收集、贮存试点单位必须具备的基本条件

申请开展危险废物集中收集、贮存经营活动的试点单位应具备以下条件。

①有专职环境管理人员。

②有符合国务院交通主管部门有关危险货物运输安全要求的运输工具。

③有符合国家或者地方环境保护标准的包装工具和贮存设施。

④有保证危险废物经营安全的规章制度、污染防治措施和事故应急救援措施。

⑤有危险废物利用处置去向的计划或方案。

（四）试点申请程序

①各试点区环保局应先制定危险废物集中收集、贮存试点工作方案并报重庆市环保局备案。

171

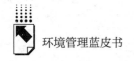

②按照《关于进一步规范危险废物处置建设项目和涉及重点重金属污染物排放建设项目环境影响评价管理的通知》（渝环〔2015〕426号）要求，开展选址论证及环评文件审批工作。

③各试点单位在从事危险废物集中收集、贮存经营活动前向重庆市环保局提出申请，并附有关证明材料。

（五）试点要求

重庆市环保局将对申请试点单位组织开展危险废物经营许可技术审查，给符合条件的单位发放危险废物经营许可证。

①严格落实环保主体责任。获准开展危险废物集中收集、贮存工作的试点单位应严格落实企业环保主体责任，明确各从业人员的职责；严格按照《危险废物经营许可证管理办法》以及核发的危险废物经营许可证开展危险废物集中收集、贮存活动；严格执行固体废物转移许可和危险废物转移联单制度，未经许可不得擅自转移危险废物；严格按照《危险废物经营单位记录和报告经营情况指南》要求，建立危险废物经营情况记录簿，如实记载危险废物的类别、来源以及去向，环境监测情况和有无事故等事项，并定期向当地环境保护主管部门报告；采取有效措施防止在危险废物经营活动过程中对环境造成污染和危害；要将收集的危险废物在一年内提供或者委托给利用处置单位。

②坚持属地监督管理。各区环保局应按照属地监管的原则加强对危险废物集中收集、贮存试点企业的监督管理，督促试点企业严格按照《危险废物规范化管理指标体系》开展危险废物规范化管理工作：定期对试点单位经营情况进行全面评估：对不符合原许可条件的，责令限期整改；逾期不整改或整改不到位的，应及时上报重庆市环保局依法吊销其危险废物经营许可证。

③根据《重庆市人民政府关于向两江新区下放市级行政审批等管理事项和权限的决定》的精神，两江新区试点单位的环评审批、危险废物经营许可证的发放工作由重庆市环保局两江新区环保分局负责。

二 重庆市危险废物集中收集、贮存试点评估分析

（一）试点实施经验

①试点范围要覆盖危险废物监管重点地区。本次试点在确定试点范围时，充分考虑全市危险废物产生源和现有利用处置设施区域分布的情况，以及各区县产业布局和危险废物监管的需求，最终确定全市危险废物产生量较大的长寿区、两江新区、巴南区、永川区、涪陵区、万州区等 10 个区为试点区。截止到 2017 年底，重庆市环保局向符合试点条件的 9 个试点单位颁发了危险废物经营许可证。

②试点单位经营规模和经营类别要适当。本次试点按照收集单位是最终利用处置单位的有益补充的原则，结合全市及试点地区危险废物产生特点和区域分布情况，以及全市现有危险废物利用处置设施等情况，合理核准试点单位经营规模和经营类别，避免与现有利用处置单位恶性竞争。各试点单位核准的危险废物经营类别主要集中在产生企业多、年产量小的工业危险废物和社会源危险废物，如 HW02、HW03、HW06、HW08、HW09、HW12、HW13、HW16、HW34、HW35、HW49 等，对危险废物产生量大、利用价值较高等不存在集中收集难问题的危险废物未予核准，如 HW17、HW22等。试点单位经营规模基本集中在 500 吨/年~1500 吨/年。

③试点单位条件设定要适当。试点单位收集运输范围一般不大，收集类别相对不多，在环境风险可控的情况下，试点单位条件设置应有所简化和降低，如技术人员不要求 3 位以上，危险废物入场检测分析工作可以委托有相应资质的单位开展等。既要适当降低危险废物收集、贮存成本，又要保障经营环境风险可控，避免危险废物二次污染。

④试点工作要遵守国家基本环境管理法律法规。虽然危险废物集中收集、贮存试点是为了解决当前突出的问题，是对现有危险废物经营许可管理要求的突破，但是试点工作必须遵守国家基本的环境管理法律法规和政策，

收集试点单位必须执行建设项目环评"三同时"(环保设施和主体工程同时设计、同时施工、同时投入使用)、危险废物转移联单等制度,这样才能保障试点工作有理有据地顺利开展和环境风险可控。

(二)试点实施成效

①探索完善危险废物经营许可制度。根据《危险废物经营许可证管理办法》有关规定,从事危险废物收集活动的单位,应当领取危险废物经营许可证;领取危险废物收集许可证的单位只能集中收集机动车维修活动中产生的废矿物油和居民日常生活中产生的废镉镍电池,不能集中收集其他类别的危险废物。本次试点对收集范围、收集规模、收集类别等方面做了探索,在落实基本环境管理要求的前提下,适当降低收集单位的门槛,解决收集难问题。例如,将收集范围扩大到工业危险废物,适当减少技术人员的数量,委托第三方开展危险废物入场检测分析工作等。本次试点工作对以后修订和完善危险废物经营许可制度具有积极的实践意义。

②完善了现有危险废物收运体系。当前,重庆市危险废物集中收运工作主要由危险废物利用处置单位承担,集中收运体系覆盖广度和深度不够,还不能满足危险废物环境管理的需求。各试点单位充分利用距离产生单位近、收费灵活、服务形式多样等优势,很好地完善了现有危险废物收运体系。2017 年,重庆市 9 家试点单位共与 2476 家个体、单位或企业签订了危险废物委托收集、贮存合同。

③有效缓解试点区域危险废物收集难、处置费用高的问题。中小企业产生的危险废物、社会源危险废物具有产生量较小、产生单位分散、收运成本高等特点,现有危险废物经营单位对这类废物收运的积极性低,其收集难、处置费用高的问题比较突出。开展试点工作以来,重庆市危险废物集中收运范围明显扩大,9 家试点单位 2017 年共收集了 500 家社会源产废单位、787 家小微企业产生的危险废物,中小企业危险废物收集难的问题有所缓解,危险废物处置费用明显降低,由过去的每年几万元降到 1 万多元,有的降至几千元。

④倒逼现有危险废物经营单位增强服务意识和提高服务水平。当前，重庆市危险废物利用处置单位及其从业人员服务意识不强和水平不高一直让人诟病，不完全履行委托合同、服务态度差等问题突出，致使一些危险废物产生单位宁愿出高价将废物转移到市外利用处置，也不愿意转给市内部分利用处置单位。各试点单位发挥机制优势，采取降低收费、提高服务质量、及时转运等措施，逐步扩大收集范围，使现有危险废物经营单位感到了压力，倒逼其逐步增强服务意识和提高服务水平。

⑤积极探索危险废物第三方服务模式。环境管理第三方服务一直是我国当前环境管理改革的重点方向，部分工业企业或社会单位出于专业限制及环境管理成本考虑，更愿意将环境管理工作委托给第三方负责。一些试点单位抓住这个需求，利用专业优势，为企事业单位提供危险废物环境管理服务，取得了很好的社会效益、环境效益和经济效益。据统计，部分试点单位环境管理第三方服务收益已占到其总利润一半以上。

（三）试点存在的问题

①试点项目申请和审批程序、权限还需进一步优化和完善。按照重庆市当前建设项目环境管理和危险废物经营许可证管理要求，试点单位危险废物集中收集、贮存项目环评审批权限在区县级环保部门，而危险废物经营许可审批权限在市级环保部门，这造成试点单位集中收集、贮存项目审批程序多、时间长，既增加了试点单位的经济和时间成本，又给区级和市级环保部门审批工作带来了不便。

②试点单位难以落实危险废物稳定利用处置去向。一些试点单位过多地考虑经济收益，常常不能及时转运数量少的危险废物，尤其是挥发性危险废物，而是将其长期贮存，环境风险隐患大。由于受同业竞争的影响，一些危险废物利用处置单位不愿意接收或不及时接收试点单位集中收集的危险废物，甚至以提高处置费用的方式变相拒收，造成一些试点单位只好长期贮存或跨省转移危险废物，大大增加了危险废物运输的成本，提高了经营风险和环境风险。

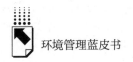

③试点项目危险废物经营许可审查标准尺度难以把握。由于缺少相应的危险废物经营许可审查指南，经营许可审查单位只能参照现行经营许可要求开展审查工作，但试点项目具有危险废物收集类别少，运输数量少，运输、贮存环境风险相对不高等特点，环保部门对试点单位技术人员、运输工具、贮存设施、污染防治设施等审查的尺度难以把握，既担心试点单位会违法，又要考虑实际，推动试点工作尽快进行。

（4）试点内容还需进一步优化。试点过程中发现，部分危险废物产生单位危险废物类别虽多，但总量不大，只有个别类别年产生量超过3吨，由于试点单位不能全部收集，产生单位只好委托多家经营单位收集、利用处置，这样提高了集中利用处置成本，降低了集中收集效率。当前工业园区或工业集中区设置的危险废物集中收集设施未纳入试点内容，这些园区或集中区恰好是中小企业集中区域，也是亟须解决危险废物集中收集难问题的重点区域。

（四）下一步工作建议

①统筹危险废物集中收集、贮存项目环评和经营许可证审批权限。将危险废物集中收集、贮存经营许可审批权限下放到区县级环保部门或者将环评审批权限上收到市级环保部门。进一步明确和优化试点单位的申请条件，在危险废物包装妥善的情况下，不按危险废物进行运输。

②进一步明确集中收集单位和最终利用处置单位各自角色的定位。集中收集单位是危险废物最终利用处置单位的有益补充，二者是主角和配角的关系，不能缺位和越位，避免造成恶性竞争。鼓励危险废物最终利用处置单位和集中收集单位相互参股，参与或监督对方的经营活动，这样既能平衡二者的经营利益，又能解决集中收集单位危险废物稳定处置去向的问题。

③完善和规范危险废物处置收费制度。危险废物集中收集、贮存、利用、处置的行为，不仅具有市场属性，而且具有一定的公益属性，危险废物利用处置收费不能完全交给市场调节。市场价格主管部门应会同环保部门调查危险废物收集、贮存、利用、处置成本，结合重庆市经济发展水平和危险

废物管理实际，出台危险废物利用处置收费指导意见，进一步引导经营单位合理收费：既要保障危险废物经营单位和产生单位的合法权益，又要确保全市危险废物安全妥善处置。对于一些无利用价值或价值较低，且污染防治责任主体不明确的社会源危险废物，其收集和利用处置工作必须由政府负责。

④完善危险废物集中收集体系。在工业园区或工业集中区，鼓励依托园区管理单位或集中污染防治设施运营单位设立危险废物集中收集、贮存设施，实行全过程豁免管理。依托产品销售、再生资源收集等网络，建立废铅蓄电池、废药品等社会源危险废物集中收运体系，对危险废物收集环节进行豁免管理。鼓励危险废物集中收集单位和最终利用处置单位参与危险废物产生单位环境管理第三方服务工作，发挥经营单位的专业优势，拓宽经营服务范围和收益渠道，扩大危险废物集中收集范围和提高收集效率。

⑤加大环境监管和执法力度。对危险废物集中收集、贮存单位进行定期评估，实施动态管理，确保危险废物集中收集、贮存单位规范经营。结合环境执法"双随机"（检查企业和执法人员均随机抽取）的要求，将危险废物集中收集、贮存单位监管工作纳入日常环境监管中，实行常态化监管，加大执法力度，震慑危险废物环境违法行为。

三　结语

开展危险废物集中收集、贮存试点工作，不仅是解决当前危险废物集中收集难问题的有效途径，而且可以为改革危险废物经营许可制度提供经验。本文通过对重庆市危险废物集中收集、贮存试点工作进行评估分析，总结了试点工作的经验，指出了存在的问题，并针对重庆市危险废物环境管理的实际情况，从统筹试点项目环保审批程序和权限、进一步明确试点单位角色定位、完善和规范危险废物收费制度、完善危险废物集中收集体系等方面，提出了危险废物集中收集、贮存的对策和建议，为重庆市以及其他地区开展危险废物集中收集、贮存工作提供参考依据。

B.16
废旧冰箱无害化自动处理革新技术

韩玉彬　成志强　黎倩倩　周林强*

摘　要： 中国正处于工业化和城镇化加速发展的阶段，面临的资源和
环境形势十分严峻。习近平总书记在党的十九大报告中指出：
中国特色社会主义进入了新时代，我国社会主要矛盾已经转
化为"人民日益增长的美好生活需要和不平衡不充分的发展
之间的矛盾"。为满足人民对生态环境越来越高的要求，我们
必须改变经济结构，从粗放式经济逐步向"循环经济"转
变。然而，提高再生资源循环利用率，发展循环经济，解决
我国日益严峻的环境问题的根本保证是清洁生产，淘汰落后
产能，不断推动供给侧改革，以市场需求为导向，倒逼市场
供给的质量提升，只有这样，才能建立绿色生产和绿色消费
低碳循环发展的经济体系。

关键词： 再生资源循环利用　循环经济　清洁生产　供给侧改革　废
旧冰箱自动化处理

一　政策法规体系

2009年1月1日，我国《循环经济促进法》正式实施，标志着我国从

---

* 韩玉彬，本科学历，成都仁新科技股份有限公司总裁，高级工程师，研究方向为环境管理、
环境工程；成志强，本科学历，成都仁新科技股份有限公司副总裁，高级工程师，研究方向
为环境质量、环境管理；黎倩倩，本科学历，成都仁新科技股份有限公司主任，工程师，研
究方向为环境管理；周林强，本科学历，成都仁新科技股份有限公司部长，工程师，研究方
向为环境管理。

传统工业经济增长模式向循环经济增长模式的转变。2009 年 2 月，《废弃电器电子产品回收处理管理条例》正式颁布，2011 年 1 月 1 日起实施，该条例的颁布和实施为我国建立资源节约型、环境友好型废弃电器电子产品回收处理体系提供了法律依据。

2009 年 6 月，我国开展家电以旧换新活动。家电以旧换新政策一方面大力促进了新产品的销售，另一方面促进了废弃电器电子产品回收处理体系的建设。

在立法与政策的双重推动下，我国废弃电器电子产品回收处理及综合利用行业由原来的以个体作坊为主向规范化、规模化和产业化大型企业转变。

我国废弃电器电子产品回收行业的发展经历了三个阶段：第一阶段是 2009 年之前，这一阶段主要采取市场经济体制下小作坊式个体回收模式；第二阶段是 2009 ~ 2011 年，这一阶段国家实施了家电以旧换新政策，采取以家电制造企业、零售商、拆解处理企业为主的政府补贴回收模式；第三阶段是 2012 年至今，为衔接家电以旧换新政策，国家实施了基金补贴模式，采取的是以大型回收企业、小型个体回收商贩、拆解处理企业为主的新型多渠道回收拆解模式。

2012 年以来《废弃电器电子产品处理基金征收使用管理办法》、《废弃电器电子产品处理目录（第一批）、（第二批）》、《废弃电器电子产品规范拆解处理作业及生产管理指南》、《废弃电器电子产品拆解处理情况审核工作指南》以及《国务院办公厅关于印发生产者责任延伸制度推行方案的通知》相继发布和实施，这些文件通过基金补贴促使各相关方加入回收体系建设中，带动废弃电器电子产品回收行业进入新的发展阶段。

二　我国再生资源行业市场现状以及面临的问题

我国的再生资源回收利用率较低，主要品种的回收率甚至低于 60%，与部分发达国家的 80% ~90% 存在显著的差距。同时，由于受国内资源再生利用技术水平低及行业市场化运作程度不高等因素的影响，加上回收利用产业

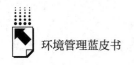

链的附加值较低，未能做到物尽其用，造成资源浪费严重。工信部于 2016 年 7 月印发《工业绿色发展规划（2016~2020 年）》，目标是到 2020 年将主要再生资源利用率提升至 75%。随着供给侧改革的推进，"十三五"期间，国家对提升再生资源利用率的要求推动了行业健康发展，有利于拉动整体产值提升。

国家发改委数据显示，我国废弃电器电子产品报废已经进入高峰期，报废率年增长 20% 以上。中国再生资源回收利用协会的数据显示，到 2020 年，中国废旧家电报废量将达到 1.37 亿台，废旧家电已成为电子垃圾的主要来源，更新换代的速度如此之快，报废量是如此之大，无疑将为生态环境带来巨大隐患，使资源本就紧缺的现状更为严峻，但同时也为再生资源行业的发展提供了机遇和挑战。

2017 年我国废弃电器电子产品保有量及报废量见表 1。

表 1　2017 年我国废弃电器电子产品保有量及报废量

单位：亿台

品名	保有量		理论报废量
	居民	社会	
电视机	5.4	6.8	0.3216
电冰箱	4.3	6.7	0.2439
洗衣机	4.1	5.6	0.16
房间空调器	3.9	10.7	0.2723
微型计算机	2.5	3.8	0.2524
吸排油烟机	2.2	3.2	0.3987

针对以上现状，我们提出这样一个问题：废旧家电处理行业如何把握机遇、迎接挑战？答案是：只有建立健全管理制度、完善标准规范、突破产业发展关键核心技术、研发先进装备、培育具有市场竞争力的示范企业才能促进再生资源产业体系健康有序发展。

本文仅以废旧冰箱无害化拆解处理技术、再生利用及环境保护关键措施等方面为例进行如下分析。

冰箱产品从其制造出来开始到被废弃为止，这个过程涉及一个庞大的产业领域。目前,我国已迎来了废旧冰箱报废的高峰期,平均每年需要报废的家电总量在 2000 万台以上,其中冰箱为 400 万台以上。与此同时,随着技术的不断进步和材料的不断更新,冰箱在使用过程中被淘汰的周期越来越短,年报废量也将随之越来越大。大量的废旧冰箱如果不能得到规范化回收、处置利用,其产生的电子垃圾将给生态环境造成严重的破坏,也是对资源的极大浪费。所以,以高效的方法实现废旧冰箱的可拆解性与可回收性具有极其重要的意义,已成为当今社会关注的热点之一。

一台普通电冰箱的材料组成见表 2,其回收处理过程中的危险废物及处理见表 3,其再利用价值见表 4。

表 2 一台普通电冰箱的材料组成

组成材料种类		所占比例(%)	零、部件或材料
金属	铁及其合金	49.0	侧门、门面板、废压缩机底板、后盖板、中盖板、螺栓、门铰链、过滤管、蒸发器、冷凝器、储液器、回气管等
	铜及其合金	3.4	
	铝及其合金	1.1	
	其他合金	1.1	
塑料	发泡剂	9.0	聚氨酯发泡剂、ABS 塑料、HIPS 内胆、PVC 门封、ABS 定位板、ABS 或 PP 顶盖板、ABS 电器盒、橡胶件等
	ABS 及其他塑料	32.0	
气体		0.1	氟利昂
其他		4.4	废线路板、玻璃隔板、玻璃门框、相关附件等

表 3 一台普通废旧冰箱回收处理过程中的危险废物及处理

危废名称	危害	处理难点	手工拆解	智能无害化处理
氟利昂制冷剂	氟利昂排放在大气中在紫外线的作用下会破坏臭氧层,给生态环境带来严重的危害	易挥发性液体	排放到空气中	利用特制抽氟机将冰箱氟利昂和油抽出来,通过 R11 回收装置将氟利昂进行液化,油水分离后,回收氟利昂交由有资质单位处置

续表

危废名称	危害	处理难点	手工拆解	智能无害化处理
聚氨酯泡沫	易燃,不易溶解或融化,不易降解,燃烧后会产生有毒气体,污染大气	占冰箱重量的9%,不易被再利用	丢弃、填埋	交由水泥厂作为燃料焚烧
压缩机	压缩机内的润滑油中含有的重金属、磷硫氯化合物属于有毒物,对人体、生物和环境都有极大的危害		二手交易、丢弃	安全收集交由有处理资质的企业处理或利用

表4 一台普通废旧冰箱再利用价值

再生资源产物	手工拆解2台/小时		智能无害化处理70台/小时~90台/小时			
	重量	提纯率	重量	提纯率	可再制造	数量
塑料	5kg	15%	9kg	95%	塑料储蓄盒	45个
铝	0kg	0	0.6kg	95%	易拉罐	50个
铁	10.2kg	25%	38.6kg	99%	哑铃	85磅
铜	0.3kg	15%	1.4kg	95%	铜条	1400g

(一)人工拆解

冰箱中保温泡棉含有的部分化学物质能够破坏臭氧层。例如,环戊烷具有可燃性,如果随意打碎或者随意堆放,很可能会引发火灾,甚至发生爆炸事故。因此,正规的废物为处理企业会将这些泡棉进行付费处理。

冰箱压缩机中含氟制冷剂,这种物质会破坏地球上空的臭氧层,进而对人体造成危害。如果没有臭氧层的保护,人的皮肤就可能直接受到紫外线的伤害,导致皮肤癌等一系列的病害。因此,正规的废弃电器电子产品处理企业在拆解空调压缩机时,需要先使用专业的冷媒收集机将氟利昂抽取出来,再安全地移交给有正规处理资质和处理能力的企业进行付费处理。而人工拆解时,基本上都是直接把储存制冷剂的地方剪断,将氟利昂直接释放到空气中(见图1)。

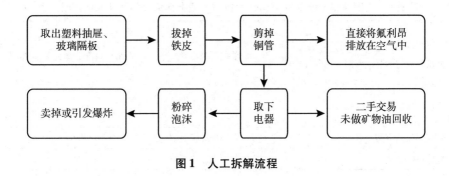

图1 人工拆解流程

三 案例创新点及技术性分析

以成都仁新科技股份有限公司研发的废旧冰箱回收处理自动化设备为例，该设备是该公司在多年的废旧家电拆解实践中不断总结经验研发出的设备（见表5），从第一代进化到目前的第十二代自动处理设备，采用了国内外最先进的处理分离技术，配备了自动上料装置；破碎机采用了两轴撕碎与四轴撕碎相结合的技术，从而提高了冰箱的破碎效率；破碎完之后利用风选和磁选设备，将金属和非金属分离（见表6）。整个处理过程采用的是PLC自动控制系统。设备还安装了视频监控系统，能对每道拆解工序进行实时监控，因而能及时发现拆解过程中出现的问题。该设备实现了自动化作业，降低了操作人员的劳动强度，并对生产过程中产生的废气进行了收集过滤处理。

表5 废旧冰箱回收处理自动化设备的各项指标生产效率

外形尺寸	45000mm × 10000mm × 7500mm	气源压力	0.6~0.8MPa
生产效率	70台/小时~120台/小时 无故障连续工作700小时	噪音	加隔音装置 < = 85dB(A)
装机电功率	364.55kW	操作人员	10~12人
金属提纯率	铜铝 > 95%，铁 > 99%，塑料 > 95%	正常工作条件	0~ +40℃
破碎效能	1.2kW/台	分选效能	7.6kW/吨

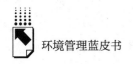

表6　废旧冰箱回收处理自动化设备的各项指标拆解关键技术及创新点

关键技术	创新点
可循环利用的高效率制冷剂回收技术	采用了高压吹扫、冷却、活性炭吸附分离的制冷剂回收工艺
安全环保的三级撕碎技术	采用了新型侧压进料系统 采用两轴撕碎与四轴撕碎相结合的技术
快捷环保的金塑分离技术	采用烟雾探测器与氮气吹扫有机结合的方法
泡棉挤压工艺	泡棉压缩比为10∶1

设备采用物理分离的方法，经人工前期拆解和收氟后，对废弃旧冰箱切碎的混合料进行分离处理，使金属铜、铝、铁、非金属塑料和泡沫料的分离率得到了提高，循环再利用的效果好，符合国家的相关拆解规范，可以对环境进行有效保护（见图2）。

成都仁新科技股份有限公司通过自建的四川省级废弃电器电子产品拆解处理工程技术研发中心在冰箱拆解处理技术方面不断探索创新，开发了R11溶剂回收装置、自动抽氟设备、四轴破碎机、二轴破碎机、自动上料装置、泡棉压缩机、自动控制系统以及ERP数据管理系统，基本实现了废旧冰箱拆解处理全过程自动化操作，在产能提升的基础上，降低了劳动强度，保证了数据的准确性。

2016年，《废弃电器电子产品规范拆解处理作业及生产管理指南》的发布和实施，使拆解处理企业有效提高了其管理水平，更加注重质量和环境管理工作，完善了国际质量管理体系、环境管理体系、R2等国内外认证。环保部公布的2016年第一、二季度处理及审核数据显示，确认规范拆解数量占企业上报数量的99.9%，较2015年同期提高了3个百分点，而该数据在2014年和2013年同期分别为99.2%和97.4%。

同时，行业的发展也带动了技术的进步。2016年，上海交通大学研制的工业4.0废液晶显示屏智能分离回收设备已经开始工业化运行，为处理大量废弃的液晶电视及液晶显示器和回收铟提供了技术支撑。

综合来看，废弃电器电子产品回收处理行业在政策和技术双重驱动下，

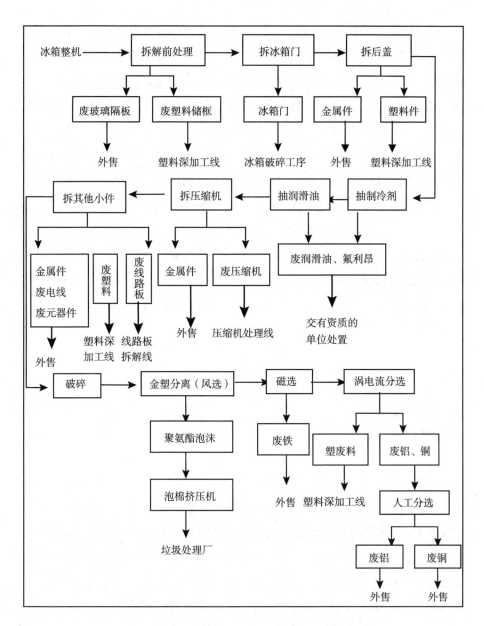

图2　成都仁新科技废旧冰箱拆解处理工艺流程

仍将迎来市场规模扩大的大好时机，预计到2022年，行业市场规模将突破
1800亿元。

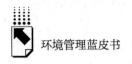

废弃电器电子产品处理企业技术工艺调研包括废弃电器电子产品处理的深度、处理工艺及受控部件的处理方式等。2016 年处理工艺技术涉及 60 家处理企业。其中，华北地区有 14 家，华东地区有 14 家，华中地区有 16 家，华南地区有 3 家，西北地区有 3 家，西南地区有 6 家，东北地区有 4 家。基本反映了中国处理企业处理技术工艺的情况。

统计结果显示，2016 年，87% 的废弃电器电子产品拆解处理企业在实施废弃物深加工的技术改造工作，总体资源化利用水平不高。废弃电器电子产品的拆解工艺流程和处理技术在向自动化和高效化发展，作为电废行业装备制造企业的仁新设备制造（四川）有限公司和作为拆解处理企业的成都仁新科技股份有限公司已经开始技术创新和装备的升级改造。大部分先进的处理技术和高效的拆解设备均由自主研发，进口技术和设备仅占少量的市场份额。综合分析，废弃电器电子产品拆解处理装备制造行业仍然存在较大的市场空间。

四 环境、社会和资源效益

2016 年，取得国家废弃电器电子产品拆解处理资质的正规拆解企业处理废弃电器电子产品 7500 万台左右，总处理重量达到 220 万吨左右，同比增加 17%，处理行业的资源效益和环境效益日益显现。根据中国家用电器研究院测算，2016 年，中国处理企业共回收铁 46.0 万吨、铜 10.0 万吨、铝 5.4 万吨、塑料 44.6 万吨，整体较 2015 年有小幅上升。同时，废弃电器电子产品的规范拆解处理减少了对环境的危害，其中对环境危害较大的印刷线路板和含铅玻璃的环境效益最为显著。废线路板委托给具有危废经营许可证的企业进行处置利用，从而减少了由不规范处置引发的环境污染。

根据中国家用电器研究院测算，2016 年，废冰箱累计拆解处理约为 640 万台。以 200 升电冰箱制冷剂平均重量 160 克计算，可在理论上减少 1025 吨冰箱制冷剂排放，相当于减少近 875 万吨二氧化碳的排放量，较 2015 年提高 113%。

2016 年，我国废空调拆解处理量为 170 万台左右。按照 1.5P 废空调内制冷剂的平均重量 1000 克计算，可以减少 1700 吨制冷剂排放，相当于减少 280 万吨二氧化碳的排放量，为 2015 年的 12 倍。综合可知，2016 年废弃电器电子产品回收处理行业温室气体减排的成效日益显著。

2017 年，取得国家废弃电器电子产品拆解处理资质的正规拆解企业处理废弃电器电子产品约 7900 万台，总处理重量约 170.25 万吨。回收铁 37.2 万吨、铜 4.3 万吨、铝 8.1 万吨、塑料 40.5 万吨。国家将对生态环境危害较大的线路板和含铅玻璃委托给取得危险废物经营许可证的单位进行处置利用，从而减少了由不规范处理引发的环境污染。

2017 年，废空调器拆解处理量约为 260 万台，无害化处理空调器制冷剂约 188.6 吨，相当于减少 161 万吨二氧化碳的排放量。2017 年，废弃电器电子产品回收处理行业温室气体减排的成效显著。

从原始的粗暴手工拆解到今天高效、环保的自动化流水线作业，废旧家电处理行业仅仅用 5 年时间就生产出了高效、快捷、环保、安全的处理工艺和设备，实现了低成本、全自动化拆解回收，对拆解行业提高固废回收利用效率具有重要意义，有利于促进固废拆解回收行业的发展，并有效地降低了固废处理行业二次污染的产生概率，最大限度地保证从业人员的安全与健康，大大推动了废旧家电行业的发展，为生产企业实现产品绿色设计、绿色生产、绿色消费、绿色物流提供了参考依据，进一步促进了生产者责任制的延伸，为创建绿色产业链做出了巨大贡献。

B.17
东方园林心系地球

赵瑞江 于春林*

摘　要： 随着经济与科技的发展，工业危废成为危险废物的主要来源，对生态环境及人类健康有着严重的危害，制约了社会的可持续发展。近年来，我国危废产量日益剧增，处置产能严重不足造成供需失衡。东方园林环保集团设计中心（简称"东方园林"）作为园林行业的龙头企业，引进了12项国内外先进核心技术，并凭借丰富的环境治理经验积极响应国家号召大举布局危废领域，并强势入驻产废大省江苏，两年内并购该省三家子公司，年处理几十万吨危险废物，创造将近上亿元利润。不仅如此，东方园林顾全大局，计划至2021年总投资百亿元，处理产能1000万吨/年，覆盖全国34个省级区域中的31个。同时，公司着眼于未来，长期坚持技术创新，以市场和项目为导向，积极探索更加广阔的市场空间。

关键词： 工业危废　危废技术　江苏危废布局　东方园林

一　工业危废发展现状

1.工业危废的危害及产废分布情况

随着经济的飞速发展和科技的日新月异，我国危险废物处理难的问题日

---

* 赵瑞江，高级工程师，东方园林环保集团设计中心总经理，长期从事固废领域研究；于春林，高级工程师，长期从事环保产业研究与实践，主要研究方向为固废、危废的处置与资源化利用。

趋严重。危险废物危害时间长，影响范围广，管控难度大，对人类健康和环境生态威胁大，其主要来源于化学工业、炼油工业、金属工业、采矿工业、机械工业、医药行业以及日常生活中废弃的物品，还包括核反应堆的核废料。其中，工业危废是危废的主要来源，具有不易降解、毒害性、腐蚀性、易燃性、反应性、感染性等多种属性，危险性极大，目前已知的危害包括以下几个方面。①破坏生态环境。随意排放、贮存的危废在雨水、地下水的长期渗透、扩散作用下，会污染水体和土壤，降低地区的环境功能等级。②影响人类健康。危险废物中的有害化学物质通过人体摄入、吸入、皮肤吸收、眼睛接触而引起毒害，或引发燃烧、爆炸等危险性事件；长期接触会导致癌变、畸变、基因突变等。③制约可持续发展。大量危险废物不处理或不进行规范处理处置，会对大气、水源、土壤等自然因素造成环境污染及危害，也会成为制约国家可持续发展的重要因素。①

危险废物统计是进行危险废物管理的基础，我国危废处理行业从 1990 年起步，到 1996 年初步形成相关管理体系，起步较晚，前期行业管理发展较慢，经历了一个较长的探索过程②。相关数据显示③，我国危险废弃物产量从 2015 年的 3976 万吨快速增长到 2016 年的 5347 万吨。截止到 2016 年，我国 214 个大、中城市工业危险废物产生量达 3344.6 万吨，综合利用量 1587.3 万吨，处置量 1535.4 万吨，贮存量 380.6 万吨。2016 年各省（区、市）大、中城市发布的工业危险废物产生情况如图 1 所示。2016 年，工业危险废物产生量主要集中在东南沿海区域，且排在前三位的江苏、山东、湖南的年产生量均在 350 万吨以上，大幅超过其他省（区、市）。

2. 我国危废行业管理与供需情况

长期以来，我国经济发展模式粗放，对危险废物的管理和处置较为随意。事实上危废处理行业是在"十一五"期间才进入发展快车道，此后国家出台了多部政策法规，从发布密度可以明显看出行业发展在加速。

---

① 马玮：《甘肃省工业危险废物现状调查及管理对策研究》，兰州大学硕士学位论文，2017。
② 张宇：《2012～2013 年北京市危险废物处置分析研究》，青岛理工大学硕士学位论文，2017。
③ 中华人民共和国环境保护部：《2017 年全国大、中城市固体废物环境污染防治年报》。

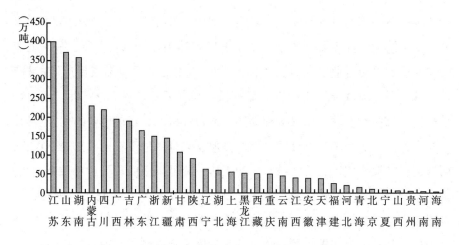

图1 2016年各省（区、市）工业危险废物产生情况

资料来源:《2016年全国大、中城市固体废物污染环境防治年报》。

2012年党的十八大做出"推进生态文明建设"的战略决策，首次提出"建设美丽中国"；习近平同志在党的十九大报告中指出，必须树立和践行"绿水青山就是金山银山"的理念。鉴于此，危废处理相关法令迅速出台，行业监管日趋规范。例如，为了进一步激发危废处置市场的活力，2016年，新修订的《固体废物污染环境防治法》取消了危险废物省内转移审批手续，批准未能处置的危废能在各市之间自由转移，同年8月1日施行的新版《国家危险废物名录》完善了危废的识别和认定，使危废管理更加科学、准确；2017年，环保部出台的《"十三五"全国危险废物规范化管理督查考核工作方案》促使各省加大力度推出省级危废规范化管理督查方案；2018年起实施的《环境保护税法》规定产废企业每产生1吨危废需缴纳1000元环保税，计划通过实行费改税制度鼓励企业减少污染物排放，提高处置需求。随着政策和监管趋严，危废统计和管理逐渐规范，越来越多的危废将进入正规渠道得以处置。

2016年，全国持危废经营许可证的单位设计处置能力为6471万吨，但实际经营规模只有1629万吨，主要原因包括多数企业处置种类有限造成供需错配，项目前期建设和环评周期较长造成众多项目难以最后投产等。随着经营许可监管力度的加大，无牌企业淘汰后市场缺口将进一步打开。虽然危废处理监管日趋规范，但调研显示国内仍有大量危废处于暂存的状态，这部分危废并未进入危废市场，随着去库存行动的推进、处理技术的成熟以及政策法规的完善，这部分危废将进入合规处理市场，创造出更大的危废市场空间。基于以上实际存在的情况，我们可以得出以下结论：危废行业的实际需求更大，将加剧该行业的供需失衡，市场空间广阔。

二 国内外及东方园林现有危废处理处置技术介绍

1. 国内外危废处理处置技术介绍

现代科技与经济的迅猛发展，带来物质生活空前繁荣的同时，其产生的资源枯竭与环境污染问题已经危及我们的生存与发展。危险废物因其特殊性，其处理、处置方法比一般的非危险废物垃圾更为复杂。危废已成为环境治理的顽疾，如何减少其产生量和其产生后如何更好地治理早已引起世界各国的重视。我国是发展中国家，经济落后于西方发达国家，从而也导致了危险废物治理方面的滞后，这就需要我们借鉴他国先进经验并为己所用。总结归纳国外先进的技术管理经验，对我国处理处置危废有很大的帮助，下面为国内外危废处理处置的技术要点。

（1）综合利用

在对危险废物处理处置技术进行分析时，需要通过结合废物类型以及其特点来确定处理方法，甚至可以通过专业处理来达到回收利用的目的。现在已经有较多先进技术与机械设备被应用到实际生产生活中，并且取得了良好的效果。

（2）预处理技术

其一是物理技术。在对危险废物进行预处理时，常采用的物理技术包括固化稳定以及相分离技术等，性质不同适用的对象也存在较大的差异。其二是化学技术。通过采用化学技术来对危险废物进行预处理，本质上就是利用化学反应来促使废物有害成分无害化，或者是将其转变成便于下一步处置的形态。其三是生物技术。即通过生物降解作用来对危险废物内含有的有机物

进行处理，多被用于有机废液和废水处理①。

（3）最终处理技术

其一是焚烧处理。即对危险废物进行焚烧处理，主要应用于可燃性废物，具体操作方法是：将危险废物置于高温炉内，使其充分燃烧，完成氧化分解。这是一种最便捷有效的无害化、减量化处理技术。其二是填埋处理。安全填埋是危险废物的最终处理方法，可以有效减少甚至消除废物存在的危害，一般在对废物进行各种处理后，才进行这种处理。其三是地表处理。对危险废物进行地表处理，即将待处理废物与土壤表层进行混合，通过自然风化作用，使其产生降解、脱毒效果。其四是海洋处理。海洋处理技术的应用，主要包括海洋倾倒和远洋焚烧两种，具有一定的差异性。其五是深井灌溉。深井灌溉处理技术即将处理成液状的废物注入与地下水隔离开的矿脉层可渗透性岩层中，减小危险废物对环境造成的不良影响。

2. 东方园林引进技术介绍

社会发展与环境保护之间的矛盾一直都是研究重点，采取有效措施对生产、生活产生的废物进行科学处理以及回收利用，已经成为专业技术研究的核心。危险废物对环境以及人体健康的影响更大，必须从专业角度进行深入分析，采取科学手段对其进行相应处置处理，以最大限度地减少其存在的威胁。因此，针对东方园林的目标定位，公司在危废的处理处置方面引进了12项核心技术，具体介绍如下。

（1）意大利赫拉回转窑焚烧技术

与传统技术相比，赫拉回转窑焚烧技术连续运行的时间及检修周期都更长，且二噁英的排放指标低于欧盟标准，可以做到在线不间断地连续监测。在焚烧技术较重要的配伍阶段采用的是"Waste Bakery"系统自动优化配伍技术，该技术是东方园林在国内首次应用的连续监测的超低排放技术，适用于化工、印染、石化、制药等多个行业的绝大多数可燃危废以及各种不同形状的固、液体废物。

---

① 王鹰：《危险废物处理处置技术分析》，《中国资源综合利用》2017年第6期，第120～122页。

（2）比利时考克利尔多膛炉技术

适用废物范围：活性炭、生活垃圾以及工业污泥、油泥、综合危废。该技术作为东方园林首次应用于活性炭再生的多膛炉技术，适用范围广，单一处置规模能够达到 3 万~6 万吨，且截至 2018 年在全球有 150 个成功案例。该技术还具有操作弹性大、性能稳定、分区控制精确、结构紧凑、维修方便、处理效果显著（灰分中有机物含量＜0.5%）、成本低（0.4 元/公斤~0.5 元/公斤）的特点，远远优于传统多膛炉技术。

（3）美国西屋等离子技术

东方园林是国内首个采用该技术进入放废领域的民营企业，并首次将此项技术成功应用于石化医药的驻场服务，适用范围是工业污泥、菌渣、有机废液废气废催化剂、精馏残渣、焚烧飞灰、放射废物，且支持不同物质形态、不同物料种类的同时进料。该技术是一种拥有高温、超高能量密度、有价金属回收能力的处置技术，能够将固废中的无机物变成熔融态玻璃化惰性物料，烟气量小，能达到超低排放标准，同时不会造成飞灰二次污染。

（4）水泥窑协同处置危险废物技术

水泥窑协同处置危险废物技术作为一种高效率、高自动化的"双高"效应处置技术，适用于 35 类危险废物。该技术具有投资低、运营成本低（不需额外热量）、没有废渣产生（不需要二次处置费用）的优势，并且在回转窑中可处置的废物在水泥窑中均可以处置。

（5）俄罗斯富氧侧吹技术

该技术主要适用于 13 大类含重金属废物，具有能耗低，烟气 SO_2 浓度高，利于制酸等特点，东方园林首次将有色冶炼技术应用于金属危废资源化行业。与传统技术相比，俄罗斯富氧侧吹技术的炉料适应性强、熔炼强度大、床能率高、烟尘率低、金属回收率高，且在其炉内设有渣贫化区，可一次性弃渣，不必另设炉渣贫化装置。

（6）美国三段热解技术

美国三段热解技术是一种自动化程度高、控温精确、能源效率高的热解技术，该技术主要采用三段式控温，能够将水、油、渣有效分离，使物料含

油率＜3‰，且该技术实现了设备撬装化，设备拆卸、安装方便，占地少，便于现场服务。针对该技术，东方园林首次将梯级热量利用煤化工技术应用于有机危废处置，是该技术层面的一大突破，主要适用于各类含油污泥、市政废物、造纸废渣、皮革废物的处理处置。

（7）高频微波有机危废处置技术

国内对高频微波有机危废处置技术在固体废弃物处理方面的应用研究起步较晚，目前大多限于实验室研究，工业化应用较少。高频微波热解技术未来将主要应用于含有机物废盐、有机废水处置，含油污泥资源化，医疗废物无害化处置。其作为东方园林提出的微波裂解废盐处置方案，夯实了我国的行业领跑地位。该技术在运行过程中能够做到快速加热，实现高效温热控制，可节能30%～50%。

（8）丹麦过氧焚烧裂解、耐水定向转化制酸技术

该技术是专门用于处置废酸的一种能够在耐水的同时高效地定向转化催化剂，并进行酸雾精准捕捉的技术，可以充分适应原料的性质波动。该技术的出现代表着东方园林成功将湿法制酸技术引入危废资源化领域。相较于传统技术，其能够显著提高副产蒸汽品质，并使工艺流程温度分布合理，同时能够消除传统技术产品中存在的大量稀酸，使酸产品高值化。该技术采用的耐腐蚀硫酸冷凝器可以明显延长设备的安全使用寿命，且在尾气的排放指标中，能够达到以下标准：$SO_2 < 35ppm$，$NO_x < 35ppm$。

（9）深井回注技术

该技术适用范围广，囊括了45大类危废，具有安全、零排放、与人类生存环境完全隔离的特点。该技术属于自主研发技术，具有一定的技术优势：设备制造周期短；10年以上回注经验，操作经验丰富；对回注井地层进行评价，可选择回注层位；可以实施全方位的监控，数据实时传输。但该行业具有技术门槛高、运行要求高等特点，全球有实力的公司不超过10家，属于北美API认证标准。

（10）PCB酸性、碱性蚀刻废液循环再生技术

从技术层面考量，该技术适用于PCB酸、碱性蚀刻废液，属于隔膜电

解技术，具有占地少，自动化程度高，再生液质量稳定，电解铜品质高，废蚀刻液 100% 回收和循环利用等特点。针对该类隔膜电解技术，东方园林成功地对其进行了小型撬装化，与传统隔膜电解与中和技术相比，该技术有以下优势：该技术的产品为阴极铜＋蚀刻液；氯气处置环节采用回用＋铁粉吸收的方法，避免资源浪费和二次污染；设备自动化程度高，单吨利润可观；能够利用全部原料；应用案例较多（50 多家）。

（11）浆态气化技术

东方园林首次将其应用于危废行业，适用于化肥行业、煤焦油、污泥气化发电、高浓度有机废液、高热值危险废物等，其技术特点为：水煤浆态气化协同处置多种类高热值废物；有效利用危废的高热值生产合成气，变废为宝；高效防结焦技术，温度高达 1600℃；废水返回制浆，可实现零排放。

（12）多效蒸发浓缩＋高效再浓缩技术

适用范围：传统物化处置品类，如乳化液、化工、印染、石化、制药等多行业的有机废液。该技术特点突出，配有模块化、撬装化的可移动式组合设备，方便组装；独有的阻垢抗结焦技术；全封闭循环系统，浓缩倍率高，废液超低减量部分可零排，无二次污染。相较于行业内同类技术，其作为物化处理的终极手段，出水可直接生化；釜残液含水率全行业最低，残液热值大大提高；全钛材质全面应对物化中多样污染因子；允许进水 COD 范围更广；比传统蒸发反应釜更节能；较单一的多效蒸发浓缩倍率更高；解决了MVR 技术中的喘振问题等。

三 东方园林的发展目标及布局情况

1. 东方园林的发展目标

我国危废产量的日益剧增及处置产能的严重不足，造成了全国范围的供需失衡。东方园林作为园林行业龙头企业，凭借丰富的环境治理经验积极响应国家号召布局危废领域。2015 年，公司成立环保集团，以"遏制污染最危险的源头"为使命，立志成为中国危废处理领域第一品牌和全球危废处

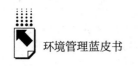
置规模最大、危废处置品类最全的公司，并逐步加大危废处置的投资。

根据规划，计划至 2021 年总投资达百亿，处理产能 1000 万吨/年，基本辐射全国，其中无害化 200 万吨/年，资源化 300 万吨/年，驻场服务 500 万吨/年，同时通过自建和并购两条途径迅速布局危废业务。截止到目前，公司处置能力覆盖全部 46 大类危废中的 45 类，通过决策会的项目共 73 个，规模合计约 1077.8 万吨。其中，有建设任务的项目 58 个，合计 1009.4 万吨；无建设任务 15 个，覆盖全国 31 个省级区域。公司已累计取得工业危险废弃物环评批复 11 个运营项目，处置能力为 176 万吨，其中资源化 114 万吨、无害化 62 万吨。与此同时，公司有 8 个项目仍在建设中，建成后将增加 49 万吨的持证处置规模。

2. 东方园林布局江苏产废大省

截止到 2016 年，江苏省的危废产量位居全国第一，2017 年，江苏省内危废总量达到 509 万吨，同比增长 36.8%。2018 年 5 月，该省颁布《江苏省固体废物污染环境防治条例》，随着新政策的落地与执行，预计 2018 年江苏省需要处置的危废产量将进一步增加。2017～2018 年，该省出现跨省转出多，转入少的危废"进出口"的"顺差"现象，主要原因是江苏省危废较多，但危废处理产能严重不足，供需失衡。

在这种情形下，公司抓住机遇积极布局江苏，两年内连续收购三家危废处置企业，并收到了显著成效。相关数据显示，2018 年，东方园林处理危废的产能稳居江苏第一，且将持续受益于行业规范、监管趋严带来的集中度提升，其具体布局情况如下。

①2015 年，东方园林以 1.42 亿元收购吴中固体废弃物处理有限公司 80%的股权。吴中固体废弃物处理有限公司主要经营范围包括工业固体废弃物焚烧、回收利用与销售，并提供相关技术咨询、技术服务；废纸、废塑料、废金属回收利用与销售。焚烧业务设计产能 2 万吨/年，投资约 8300 万元，目前已全部建成，2018 年 2 月拿到经营许可，4 月开始投产。由于吴中地区危废产生量较高，处置产能严重不足，危废收购价约为 6500 元/吨（底价大约 6000 元/吨，灰分占比高时价格甚至可达 8000 元/吨），焚烧渣填埋

成本约为 4000 块/吨，净利润大约 2500 元/吨，该子公司承诺 7 个季度净利润达到 5000 万元。

②2017 年，公司以 2.7 亿元收购南通九洲环保科技有限公司 80% 的股权。南通九洲环保科技有限公司是一家专业从事危险废物焚烧处置的环境友好型企业，主要服务如皋市及周边地区，焚烧处置危废共计 20 大类（HW02、HW03 等）。该公司采用"回转窑＋二燃室"技术进行焚烧处理，焚烧处置系统依据危险废物集中焚烧处置工程建设技术规范的要求，在江苏省环科院、东南大学等科研院校、专家团队的支持下，充分借鉴了国内外同类设备的运行管理经验，可确保技术先进性和运行稳定性，烟气排放达到 GB18484 中限制标准，部分指标可达到欧盟标准。

南通九洲环保科技有限公司设计产能 5.5 万吨/年，其中焚烧 2 万吨，填埋 3.5 万吨。焚烧一期 1 万吨已投产，目前产能利用率是 100%；二期 1 万吨已于 2018 年 8 月开始试运行。填埋业务设计使用年限 19 年，总投资 2.04 亿元，2018 年 11 月底投入使用。2017 年，该公司危废处置量 7617 吨，净利润共 996 万元，可估算净利润 1307 元/吨。2018 年，废料收购价约 5200 元/吨，相较于 2017 年的 4800 元/吨上涨 8.33%，加上厂区运营磨合效率提升以及业务扩张形成规模效应，成本有望进一步下降，预计净利润将达 1500 元/吨。

③2018 年，公司出资 1.84 亿元收购了江苏盈天化学有限公司 60% 的股权。江苏盈天化学有限公司（简称"江苏盈天"）位于常州市国家高新区滨江经济开发区，是该地区唯一获得废液以及危险废物综合利用和处理、处置资质的企业，历年获评常州市循环经济重点推进项目、江苏省循环经济试点单位。

江苏盈天运用先进的清洁生产技术，覆盖多行业、多区域，对长三角地区制药、化工、电子、新材料等企业的危险废物进行精馏再生，变废为宝、节约资源、节能循环，实现长三角区域工业废料的再生和循环利用。不仅如此，江苏盈天还具有突出的技术优势，其自主研发的危废溶剂生产线丙三醇加工生产线、废砂浆回收生产线、回收生产己二酸系聚酯多元醇生产线能够根据化学废料可再生利用的特性，对其进行分析、分类处理、再生利用以满

足客户对品质的要求。在此基础上再生利用率提高到 95% 以上，从而形成内部供给循环再利用的产业格局。

江苏盈天的废液资源化设计产能 13.23 万吨/年，其中 2.14 万吨废有机溶剂已投产，1.09 万吨废有机溶剂预计 2018 年年底投产，2019 年年底还将投产 10 万吨废液产能，包括 NMP（新能源汽车产生的废液）4 万吨、乳化液和废酸 2 万吨、废矿物油 1 万吨等；1 万吨焚烧产能已投产，另外 3 万吨预计 2019 年年底投产。该公司盈利可观，常州地区的 NMP 处置价格约为 7200 元/吨，处置成本约为 4000 元/吨；废矿物油处置价格约为 1800 元/吨，处置成本约为 900 元/吨。同时，江苏盈天还对废乳化液、高浓度有机溶剂等品类进行处置，综合考虑常州地区需要焚烧的废料及产能情况，预计焚烧净利润比南通九洲更高。

综上所述，随着公司在危废处置行业不断发展壮大，东方园林的目标定位将不仅限于上述地区，还会着眼于未来，坚持技术创新，以市场和项目为导向，积极探索广阔的市场空间。

附 企业简介

东方园林环保集团 2015 年进入环保危废治理领域，以"遏制污染最危险的源头"为使命，全力发展危废处理处置业务，打造技术型环保集团，成为多个细分行业的领军企业。业务涉及四大危废领域：城市危废处置、金属危废处置、石油石化危废处置和特殊危废处置。

环保集团全力打造中国危废处置领域第一品牌，成为全国规模最大、品类最全的综合危废运营商，拟在全国建设 100 个综合危废处置工厂，布局 1000 万吨处置能力；拥有全国顶级危废研究院，建设 20 家专业技术研究所；与清华大学、中国石油大学等 10 余所高校强强联合，搭建综合型产学研平台。

环保集团秉持和谐共生的发展理念，强化技术领先，强调规范运营，为企业、社会和政府提供高品质的、世界领先的环境服务。

热点趋势篇

Trend Topics

B.18

践行新发展理念
推动生态优先绿色发展

——泗洪县"两山"理论的实践与创新

泗洪县发改局　泗洪县商务局　泗洪县委改革办

摘　要： 在我国提出"两山"理论、推进生态文明建设的大背景下，泗洪县积极开展推动生态优先绿色发展的实践与创新：积极开展生态保护工作，探索生态经济富民内涵，推进生态经济体制机制改革，从而更加清晰地明确了生态经济的发展定位，并初步找到适宜的生态经济发展路径。

关键词： 生态经济　体制机制改革　生态保护

一 背景介绍

近年来我国逐步把生态文明建设提升到一个新的高度。例如，国家提出了"绿水青山就是金山银山"的重要论断。习近平总书记在党的十九大报告中指出，"坚持人与自然和谐共生。建设生态文明是中华民族永续发展的千年大计"。在相关理念的指导下，我国不断推进生态环境保护工作，如开展水、大气、土壤等重点领域的污染防治工作，推进生态文明建设、特殊生态区功能保护、自然保护区建设、山水林田湖生态修复等工作。相关政策及实践对传统的以经济为主的发展模式提出了新的挑战，在这种形势之下，泗洪县开展了推动生态优先绿色发展"两山"理论的实践与创新。

二 实践探索

（一）持续夯实生态保护基础

一是污染防治扎实有力。扎实推进"263"专项治理和河长制工作，建立大气污染区域联防联控和监测监控体系，持续开展"绿化造林年"活动，连续三年成片造林面积位居全省县级第一，被授予"全国绿化模范县"称号，国考断面、省考断面持续稳定达标。推进洪泽湖"双清"工作，铁腕打击非法采砂。大力推进畜禽养殖污染整治，整治到位630家，关停63家，目前初步实现全县畜禽养殖场污染"零排放"。

二是环境容量显著增加。深入推进"生态文明建设三年行动计划"，大力推进环保基础设施建设，全面推进城区雨污分流全覆盖工程，日处理能力500吨的垃圾焚烧发电厂已投入使用，开发区污水处理厂扩容提质工程建设有力推进，实现镇村污水处理全覆盖。全面推进"五脉六廊三核多园"的城区生态建设，不断强化城市主体功能，繁荣城市经济。全面开工建设36.3公里环县城生态绿廊和130公里环洪泽湖生态绿廊，加快打造环主城区以及连接主城区和洪泽湖的生态大通道。总投资 12 亿元的绿水青山专项行动得到深入推进,2018 年将整治县乡河道 171 条,清理土方 2000 万方,造林 400 多万株,建设、改造污水处理厂(站)130 个,退渔还湿 2.73 万亩,建设美丽乡村 23 个。

三是体制机制更加健全。建立了泗洪洪泽湖湿地保护联席会议制度,创立了保护区与周边 7 个乡镇合作的"7+1"社区共建机制,共完善了 17 项管理制度。更加强调生态优先、职能转变、依法行政和优化设置。探索建立领导干部生态环境和自然资源保护实绩考核、离任审计、损害赔偿等制度,建立健全保障"生态优先、绿色发展"的制度体系。

(二)丰富生态经济富民内涵

一是通过扩大就业促富民。大力实施"四全工程"(全员普查登记、全员分类建档、全员技能培训、全员转化就业),着力招引能贡献税收、能带动就业、能盘活标准化厂房、无污染"三能一无"项目落户乡镇工业园区,成功入选全国首批返乡创业试点县。

二是通过推动创业促富民。鼓励引导全县大学毕业生、返乡农民工等主体投身无污染、低能耗、现代化的绿色创业行动,缤纷泗洪公司、县网创园分别被评为江苏省电子商务示范企业、江苏省电子商务示范园区。

三是通过办好实事促富民。以基础设施和公共服务的"加法"换群众支出的"减法",下大力气解决群众最关心的医、教、水、住、行问题,加快推动"一社一群一中心"、区域供水"通村达户"、"百村万户小康路"等基础设施建设。探索了土地股份合作社、"水上生态牧场"等新模式,建设"水上生态牧场"8.2 万亩,有力增加了村集体和农户"两个收入"。

(三)生态经济体制机制改革创新

一是推进机构设置改革试点。将乡镇"五办、四中心"调整为座下镇综合设置 8 个机构、其他乡镇综合设置 7 个机构,稳步推进"大办公室制"

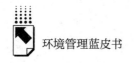

改革，率先设立乡镇生态保护与环境建设办公室，并明确编制不少于6人。组建了全县绿色发展指挥部和7个产业发展办公室，推进生态经济发展。按照城市功能类、田园综合体类、生态涵养类三类乡镇划分，抓好生态环境保护、生态产业发展等工作。

二是实行乡镇分类考核制度。出台《乡镇生态发展分类考评办法》，持续加大生态和富民两项指标的考核权重。制定实施《泗洪县生态红线区域管理办法》，成立生态红线区域保护工作领导小组，强化生态红线区保护。获批全国"两权"抵押贷款试点县、全省农村综合改革试验区，农村的发展活力得到不断的激发。

三是推进乡镇生态经济建设。推进四河乡生态经济示范镇建设，探索峰山乡、城头乡全域生态经济建设试点，大力推行种养结合、稻虾混作、岗丘林果等生产新模式，创新"生态＋扶贫"新模式，建设水上生态牧场，探索创新生态经济发展路径。

三 取得的成果

（一）生态经济发展定位更加清晰

一是率先开展生态文明创建工作。扎实开展生态文明创建工作，紧紧咬住建成"全省生态经济示范区的先行区"总目标，努力建好生态保护先行区、生态经济试验区、生态富民先行区、生态机制创新区"四个区"。

二是深入谋划县域总体布局。以全域生态经济发展规划为引领，初步形成了五大板块的全域生态经济建设格局，着力提高发展的"含绿量"。

三是积极推进生态保护特区建设。以洪泽湖湿地国家级自然保护区及周边沿湖乡镇为主体，推进泗洪洪泽湖湿地省级生态保护特区建设，优化特区管理体制，构建统一登记、统一规划、统一保护、统一监管的自然资源一体化管理模式，实现自然资源保值增值，打造苏北腹地重要的区域性生态屏障。

（二）生态经济发展路径初步找准

一是着力推进"生态＋工业"融合发展。近年来，劝退不符合县域环境要求的招商项目近 400 个，着力打造科技含量高的新型膜材料、电子信息、机械制造"2＋1"产业和文体产业，总投资 40 亿元的 500 兆瓦国家光伏发电应用领跑者基地项目全面开工建设，关停或整顿全县 11 家化工企业。

二是着力推进"生态＋特色农业"融合发展。近两年建成千亩以上、成方连片"百园工程"项目 52 个，新增农业结构调整面积 26.7 万亩，高效特色农业面积占比提高了 13.35 个百分点。全面加快农业现代化建设步伐，开展土地适度规模经营，鼓励引导家庭农场、专业合作社、土地股份合作社等新型农业经营主体发展，栽植碧根果 4.9 万亩、软籽石榴 1.65 万亩，泗洪大枣、泗洪大闸蟹获得国家地理标志认证，泗洪大闸蟹出口量连续 12 年位居江苏省县级第一，泗洪县被确定为全国"两权"抵押贷款试点县。突出项目示范带动，率先开展峰山乡、城头乡全域生态经济建设试点，加快推进四河乡生态经济示范镇、柳山稻米小镇、临淮渔家风情古镇等生态经济特色小镇建设。

三是着力推进"生态＋旅游"融合发展。围绕洪泽湖这一"绿心"做文章，充分挖掘泗洪的古色、红色、绿色旅游资源，着力构建全域旅游发展格局。坚持以创建国家 5A 级景区、国家级生态旅游示范区、国家级旅游度假区"三个创建"为抓手，成功创建 3A 级景区 5 个、4A 级景区 2 个，洪泽湖湿地景区通过国家 5A 级旅游景区景观质量评审，即将提请文化和旅游部正式验收。延伸生态旅游产业链条，大力发展洪泽湖地区农家乐、渔家乐，扎实办好洪泽湖湿地国际半程马拉松赛、洪泽湖国际垂钓邀请赛、稻田半程马拉松赛等系列体育赛事，被评为"全国生态特色旅游县"。

四　先进性分析

近年来，泗洪县深入贯彻落实"四个全面"战略布局和"五位一体"

总体布局，牢固树立"生态优先、绿色发展"理念，坚持特色发展、生态经济、富民增收"三大发展方向"，经济社会始终保持平稳较快的发展态势。2017 年，全县实现 GDP 446.61 亿元，比"十二五"末增长 23.61%；一般公共预算收入 26.34 亿元；城镇居民和农村居民人均可支配收入分别达24973 元、14941 元，分别比"十二五"末增长 17.85% 和 19.75%，主要经济指标保持在合理区间内。

一是县域经济社会发展更加高质量。2017 年，获批全国首批"绿水青山就是金山银山"理论实践创新基地（江苏唯一），获批中国 2017 年光伏发电应用领跑基地，举办中国泗洪首届生态经济发展峰会。生态保护愈发严格，设置 1195.32 平方公里生态红线保护区域，累计退渔还湿 10 万亩。大气优良天数 291 天，达标率 79.7%，为全市第一。生态特色逐步彰显，"生态＋"效应不断显现，建设"百园工程"项目 52 个，建立供港蔬菜、循环水鲫鱼养殖等一批特色农业基地，做强四河蔬菜、峰山碧根果、车门蚕桑等一批特色产业，全县"三品"认证总数居苏北县级第一，成功入选全国首批国家粮食优质工程示范县，被评为"中国小龙虾种源保护第一县""全省发展现代高效农业显著县"。成功举办第二届农业招商推介会暨稻米文化节。

二是生态旅游产业更具影响力。大力发展体现生态体验、生态教育、生态认知的生态旅游产业，精心办好泗洪洪泽湖湿地国际半程马拉松赛、洪泽湖国际垂钓邀请赛等系列体育赛事，洪泽湖湿地景区被评为"2017 年中国最具魅力旅游景区"，双沟酒文化旅游区创成国家 4A 级旅游景区，湿地大圆塘休闲垂钓邀请赛荣获"全国有影响力的休闲渔业赛事"称号。2017 年，全县接待游客 450 万人次，实现旅游综合收入 42.3 亿元，被评为"全国生态特色旅游县"。

三是污染防治工作力度持续加强。高标准做好河长制工作，全县建立了县、乡（镇）、村三级河长体系，出台了《泗洪县县级河长述职制度》《泗洪县县级河长一线巡查制度》等 6 项制度，设置河长公示牌 565 块。在全省、全市河长制工作推进会上，泗洪县均做了经验交流发言；2017 年 10 月

19 日，泗洪县作为江苏省县级代表接受水利部河长办副主任王冠军一行检查，王主任对泗洪县工作开展情况给予肯定；在全市率先通过河长制年度考核验收。常态化推进"263"专项治理工作，拆除关停、整治畜禽养殖场共630 座，拆除网箱 15762 个、围网 2482 处，清除排污口 468 处，拆除阻水障碍物 1243 处，拆除码头及违章建筑 396 处，疏浚整治河道 623 公里，城乡污水处理设施实现全覆盖。

四是城乡宜居度显著提升。开展"五城同创"活动，以全省第一名的成绩顺利创建国家园林县城，成功创建国家卫生城市、省级生态县、省级文明城市、省级食品安全示范县，2017 年新增成片林面积 3.75 万亩，完成杨树更新改造 4.8 万亩，建成"三化"树种示范基地 54 个，植树 313 万株。

B.19
两网融合绿色回收项目实施方案

王小冬*

摘　要： 近年来，国家积极推进再生资源回收与生活垃圾收运体系两网融合的工作。在新形势下，上海兴冬环保科技有限公司开展了两网融合的创新实践，整体经验包括借助政府部门的支持，建立完整的回收体系，建设中转站配套设施，并为街道提供第三方服务。基于实践，本文指出目前两网融合主要面临低附加值垃圾处置运行费用高、经济压力大，以及小区物业配合度有限等问题。

关键词： 两网融合　垃圾分类　分类投放　再生资源

一　案例背景

随着我国社会经济的迅速发展、人民生活水平的不断提高，垃圾问题越来越突出，与日俱增的城市生活垃圾使我国成为世界上被城市垃圾困扰的国家之一。以上海为例，过去几年，生活垃圾的数量以 3.9% 的年均速度递增，2011 年达到 704.16 万吨，"十二五"期间面临新增 7700 吨/日的垃圾末端处置缺口。

为了应对垃圾分类回收问题，近年来上海出台了一系列政策，如印发《关于建立完善本市生活垃圾全程分类体系的实施方案》《上海市两网融合

---

* 王小冬，上海兴冬环保科技有限公司总经理，研究方向为环保技术及再生资源回收。

回收体系建设导则（试行）》《闵行区生活垃圾全程分类体系建设行动计划（2018～2020年）》等。相关政策的出台为建立垃圾资源化管理体系，开展垃圾的分类收集和处理工作，减少垃圾对环境的污染和破坏，提高资源回收利用率，实现生态和经济的可持续发展提供了良好的政策支撑。

二 案例分析

闵行区积极贯彻落实习近平总书记关于"普遍实行垃圾分类制度"的指示，在全区推行建立再生资源回收与生活垃圾收运体系两网融合回收体系的工作。上海兴冬环保科技有限公司（简称"上海兴冬环保"）作为合作单位之一，参与了江川街道两网融合回收体系的构建和实施工作。

江川路街道两网融合中转站于2018年7月建成，占地面积2000平方米，一期厂房面积800平方米，露天场地200平方米，办公区域120平方米（二期待建），分为司磅区、堆放区、分拣区、卸货区、打包区、作业区、装卸区及休息区，配备废纸打包机、金属打包机、泡沫冷压机、金属剪切机、塑料干粉机、破碎机、除铁机、地磅、叉车、装载机等专业设施设备。对各个服务网点已回收分类打包好的可回收物品用统一标识的卡车每天22：00前运回中转站处理。二期完工后中转站日处理能力约45吨。中转站与外省对接，再生资源回收利用渠道畅通，形成集收集、回收、处理、资源化循环利用于一体的环保产业链，真正实现生活垃圾的减量化、资源化、无害化。基于相关实践工作，总结形成以下案例模式。

1. 借助第三方的支持

居民小区是垃圾产生的主要源头，也是建立两网融合绿色回收体系的源头。居民小区垃圾的回收工作通常由物业管理公司负责，包括安排相对固定的回收人员负责小区内废旧纸类、金属类垃圾的回收。目前，上门回收的人员多数关注高附加值物的回收，不回收低附加值的垃圾，如废玻璃器皿、塑料袋、泡沫塑料等，而这类垃圾在生活垃圾中占比较高。对于已有固定回收人员回收垃圾的小区，企业进入面临较大的压力。但这些回收人员对小区情

况熟悉，在街道领导的支持和协调下，企业对他们进行吸纳收编，由中转站进行统一管理，从而顺利进入各小区，为构建两网融合绿色回收体系提供了前提。

2. 建立完整的回收体系

上海兴冬环保构建了一个以居住区回收点和流动回收车辆为基础，以江川路街道中转站为核心，以专用回收车辆为联结，最终流向专业再生利用企业的可回收网络体系。整个过程中，上海兴冬环保确保可回收物有统计、可监管、可追溯、有出路，切实保证了生活垃圾源头分类投放，促进了资源循环再利用。主要包括以下环节。

（1）合理设置资源的回收点

江川街道辖区内有 46 个居委会、88 个小区。为实现两网融合可回收设施全覆盖，公司根据各小区的情况，配备了不同类型的回收设施，包括示范型、标准型、自助型及流动型等封闭式回收设施。

其中，示范型垃圾回收箱房占地面积 20 平方米及以上，兼具垃圾分类宣传、绿色账户服务、可回收生活垃圾分类、交投暂存等功能；主要适用于拥有一定空地的小区（见图 1）。标准型垃圾回收箱房为封闭式结构，占地面积为 8 平方米及以上（见图 2）。对于无条件设置固定回收箱房的小区，则考虑配置自助型或流动型回收设施（见图 3）。其中，自助型（660L）回收箱具备交易和积分功能。流动型回收设施指的是客户拨打 400 服务热线或在手机 APP 上预约后，流动回收车将定时定点提供集中上门服务。

此外，该公司还配套了相应的服务措施，方便居民交投。一是在各个小区回收服务点设有"服务时间公示牌"，确保回收人员在规定的时间内提供回收服务，同时负责对居民交投垃圾的分类进行指导，提高生活垃圾源头分类的普及率。二是建立呼叫服务中心。三是实行预约上门服务。居民可通过拨打 400 服务热线，或者扫二维码关注"冬哥回收"微信公众号预约上门回收服务。

（2）规范回收服务标准

在再生资源回收过程中执行"五个统一"的规范回收服务标准。具体

图1　示范型垃圾回收箱房

图2　标准型垃圾回收箱房

图3 自助型或流动型回收设施

包括以下五个方面。第一，服装统一，必须穿统一的有公司标志的服装。第二，计量工具统一，在回收工作中使用的计量器需有统一的公司标志。第三，回收价格统一，再生资源因其资源属性，其价格会随着当前资源市场行情的变化而变化。在不同的市场环境下，公司均制定合理的价格，通知街道辖区内各回收点，执行统一的回收价格标准。第四，流动回收车统一，公司的流动回收车辆配置统一的标志，在无条件设置回收箱的小区内采取流动上门回收的方式。第五，服务标准统一，所有回收服务网点的工作人员均要求持证上岗，且在收购废品时均要求当着客户的面对物品进行称重，经双方确认后再结算（见图4）。

（3）构建信息化管理的运输体系

公司配备统一的专业运输车辆，并对处置区域内的车辆进行信息化管理（见图5）。通过信息平台记录车辆的定位、行驶等情况，并对车辆运行数据进行分析，合理安排车辆作业调度和路程规划，确保可再利用物资的及时回收，并降低事故发生率。

（4）建立垃圾分类回收处理全过程的协同管理平台

为实现两网融合管理的数字化、网格化和可视化，形成智能的可回收垃圾处理模式，使管理人员和政府监管部门能够迅速掌握一线数据，提高工作效率，公司采取了以下措施：一是管理区域内的各个垃圾箱房设置视频监控

有公司标志的服装　　　　　计量工具

回收车辆

图4　"五个统一"规范回收服务

点位，实时掌握垃圾分类投放的情况以及现场收集转运情况；二是将回收的垃圾及称重情况通过移动终端及时报送至协同管理平台，形成垃圾分类回收的大数据分析基础。

（5）制定投诉管理流程

为了提升服务质量，企业制定了相应的投诉管理流程，具体如下。

①投诉登记：接到投诉电话后，及时登记投诉单（内容、投诉人、地址、电话、投诉事项、处理结果）。

②调查处理：核实投诉情况，提出补救措施和处理意见。

③处理反馈：将处理意见反馈给客户，争取得到客户的谅解。

211

图5 专业运输车辆

④处理方式如下。

a. 失约回收投诉：电话道歉，并重约时间；上门服务分析原因，对业务员进行批评教育。

b. 短斤缺两投诉：上门赔礼道歉，对客户补一奖一；对肇事者缺一罚一，给予警告。

c. 服务不规范投诉：电话赔礼道歉，对违者警告。

3. 中转站的配套设施建设

中转站是建设两网融合绿色回收体系的关键。在两网融合绿色回收体系的运作中，不得将各小区回收的零星的、综合的再生资源直接送至可处置利用的企业，必须将其分类打包分别送至各相关处置利用企业。通常是将在各居民小区收集的综合的再生资源集中运输至中转站进行拆解分类、粉碎、打包、集存，然后按照类别分别送至专业处理利用企业进行再利用。为使中转站正常运转，企业对场地进行了合理规划和必要的设备投入。

（1）合理布局

根据业务流程要求，中转站共设置了以下功能区域：过磅区、堆放区、分拣区、打包区、大型垃圾拆解区、粉碎区、装卸区及员工休息区。

（2）购置必要的设备

按再生资源回收要求，公司购置了纸箱废纸打包机、压块机、切割机、拆解机、粉碎机、地磅、叉车、运输车辆等专业设施设备。

（3）建立中转站管理制度

根据再生资源行业规范制定了中转站的管理规范和标准，建立相关工作责任制和考核制度，招录和配备专业操作人员及管理人员，确保中转站工作安全、有序、整洁、规范（见图6）。

（4）与下游处置企业对接

确保再生资源回收利用渠道的畅通，形成集收集、回收、处理、资源循环利用为一体的环保产业链，真正实现生活垃圾的"减量化、资源化、无害化"。

图6　江川中转站现场

4. 以小区为单位，以镇街为体系提供第三方服务

（1）做好前期准备工作。为相关垃圾分类工作的街道、社区充分做好垃圾分类前宣传、培训、设施配置、分类收运的衔接等准备工作，做到分批有序地推进，着重提高垃圾分类的质量。

（2）深化垃圾分类宣传。深入开展社区垃圾分类的宣传工作，做到入户、入耳、入目、入心，时时提醒居民参与垃圾分类。利用标语横幅、宣传海报、宣传栏、社区办公网络等资源，积极宣传社区垃圾分类工作。

（3）协助居委和环卫部门对小区保洁人员、志愿者、党员、楼长等进行垃圾分类培训。

（4）负责试点小区的垃圾分类收集和处置。公司每天都会安排专人进行督导、巡检、分拣，通过干湿垃圾定时定点投放、有害垃圾及可回收物现场收集兑换活动以及手机 APP 和智能识别卡的应用等形式，对居民产生的生活垃圾进行分类收集及质量检测。

（5）开展多样化的宣传互动活动，通过专业的培训和服务配合积分兑换奖品等方式，提高群众参与垃圾分类的意识，使其养成垃圾分类习惯。

三　实施过程中遇到的障碍与问题

1. 希望政府加大对企业财力上的支持力度

居民产生的生活垃圾中，低附加值可回收物（塑料袋、泡沫塑料、玻璃器皿、旧家具、沙发等）体积大，品类复杂，但是处理成本高，企业若长期独立承担相关处理成本，将处于亏损经营状态，因而对此项工作会没有积极性，这样也将对初步建立的两网融合绿色回收体系造成影响，难以实现可持续发展。目前政府承担的处置居民生活垃圾费用为每吨 520 元，公司每回收 1 吨低附加值回收物，政府可相应减少 1 吨处置费，而企业却要亏损经营。为调动企业的积极性，使该项工作能持续做下去，希望政府从每吨 520 元费用中拿出一部分来补贴企业。

2.居委、物业配合度有限

实践经验表明，禁止不规范回收游击队人员进出，需要居委及物业紧密配合，这将对打造两网融合体系发挥重要作用。目前，多数居委与物业未明确责任，与规范回收企业配合度偏低。建议上级单位制定一定的考核制度或有约束力的管理制度，提高居委、物业配合度，促使整个体系更高效地运转。

四　案例创新点及先进性

企业根据小区特性，制定了有针对性的回收方案。其中，使用的智能回收箱在技术上具有先进性：①无须专人看管，可直接称重结算；②可绑定银行卡、支付宝、微信钱包进行结算；③附带液晶屏可进行垃圾分类宣传。此外，根据小区情况建设运营或直接在箱房上改造的回收设施，符合小区整体建筑风格。

五　案例可推广性

1. 环境效益

随着我国工业化和城市化进程的加快，除了工业垃圾的污染之外，生活垃圾的污染也是造成城市生态环境破坏的重要原因，减少和处理生活垃圾不仅是我国城市环境治理的重点和难点问题，也是促使我国城市可持续发展的重要保障，垃圾分类回收及资源化已成为全球发展的一种必然趋势。

小区内两网融合点位的规范建设可以逐步规范回收人员，有效打通居民回收窗口，引导可回收物进入两网融合点。通过建立中转站，生活垃圾进入正规终端处理处置渠道，极大地减少了环境污染。随着不规范的打包压缩站被逐步取缔，今后将实现再生资源去向明确，处理途径可追溯等。上海兴冬环保作为两网融合回收的主体，其实践提升了再生资源体系的环境效益。

2.经济效益及社会效益

据保守估计,每年我国丢弃的可回收垃圾价值在300亿元左右。建立两网融合点和中转站,可以对生活垃圾进行分类,将其中可回收、可再生循环的资源分拣出来,进行再加工利用,这样高附加值、低附加值可回收物都有去处,对不可回收的垃圾进行处理处置,达到垃圾处置资源化、无害化。此外,垃圾分类回收及资源化管理体系的建立健全可以增加社会就业机会,减少失业人口,提高收入水平,具有明显的经济效益及社会效益。

3.行业前景分析

随着国家对再生资源行业政策方面的支持力度不断加大,以及再生资源利用技术的不断突破、创新与进步,未来我国再生资源行业前景整体向好。根据再生资源行业目前发展的现状判断,未来我国再生资源行业发展将会提速一倍以上,未来五年行业发展平均速度将在15%左右,到2022年行业市场规模将接近9200亿元。以上海为例,2017~2018年,上海颁布了《上海市两网融合回收体系建设导则》《2017闵行区生活垃圾分类减量工作实施方案》《2018上海市生活垃圾分类减量考核工作方案》等多个文件,在两网融合政策的倾斜下,考核任务已下达至各镇街。各镇街对建立两网融合的需求较为迫切,行业前景一片大好。

附　企业简介

上海兴冬环保科技有限公司为上海市闵行区第二届环境保护产业协会理事单位。业务范围包括再生资源回收处理、电子废弃物和工业废水处理运营管理、环保政策及技术咨询、垃圾分类咨询、餐饮业油烟排放在线监控与治理、工业行业污染源监管及检测等。公司先后获得2014~2017年度闵行区环保第三方服务先进企业、"3·15"诚信服务会员单位、诚信创建企业等多项荣誉。

B.20
基于效益共享的工业固废
第三方治理新模式探索

马黎阳　王　爽*

摘　要：　在国家加快推进环境污染第三方治理的政策背景下，本文回顾
了我国工业固体废物污染防治法律体系与第三方治理政策体系
的形成与发展历程，阐释了基于效益共享的工业固废第三方治
理新模式理论，并结合现状与问题，分享了鑫联环保公司针对
钢铁烟尘进行效益共享第三方治理的实践经验与探索，希望为
我国工业固废治理或第三方治理领域的完善与发展提供参考。

关键词：　效益共享　工业固废　第三方治理　环境管理

一　案例背景

（一）政策要求

随着我国工业化的快速发展，工业固废污染防治一直以来都是不可回
避的重点环境治理问题。工业固废来源于广泛的工业生产过程，具有基数
巨大、种类繁多、成分复杂等特点，易从多环节多途径造成环境污染。

* 马黎阳，清华大学工业工程专业硕士，清华大学五道口金融学院工商管理专业博士研究生，
鑫联环保科技股份有限公司董事长兼总裁，工程师；王爽，博士，就职于北京科技大学能源
与环境工程学院，主要从事固体废物资源化综合利用研究。

我国自 20 世纪 80 年代开始就在环境保护领域、涉及工业固废的污染防治领域构建法律法规体系，陆续制定颁布了《中华人民共和国环境保护法》《中华人民共和国固体废物污染环境防治法》《中华人民共和国水土保持法》《中华人民共和国清洁生产促进法》《中华人民共和国循环经济促进法》等。这些法律法规的制定与修订完善不仅在宏观层面为工业固废污染防治工作提供了法律保障，也为规范和促进工业固废治理产业的稳步健康发展提供了法律依据。

近几年，我国环保治理与执法监督力度空前加大，工业固废防治领域的指导与支持力度不断加大，国家相关部门先后出台了一系列鼓励、引导、规范工业固废治理产业发展的政策性文件。2015 年，财政部和国家税务总局印发《资源综合利用产品和劳务增值税优惠目录》，实行即征即退的增值税优惠政策，鼓励更多种类的工业固废回收和综合利用，促进工业固废治理产业发展。2016 年 5 月，国务院印发《土壤污染防治行动计划》（简称《土十条》），明确强调加强工业废物处理处置、加强工业固体废物综合利用，这不仅是对国家未来土壤污染防治工作的全面战略部署，也是对工业固废治理市场发展的推动。2016 年 7 月，工业和信息化部编制发布《工业绿色发展规划（2016~2020 年）》，强调加强工业资源综合利用，加强各类工业固体废物的高值化、规模化、集约化利用，扩大工业固体废物综合利用基地建设试点范围，探索资源综合利用产业区域协同发展新模式，在重点行业全面推行循环生产方式。根据国务院印发的《"十三五"生态环境保护规划》，"十三五"期间，国家重点发展资源节约循环利用的关键技术，建立工业固体废物综合利用技术体系，深化工业固体废物综合利用基地建设试点工作，建设产业固体废物综合利用和资源再生利用示范工程。到 2020 年，全国工业固体废物综合利用率提高到 73%。这些政策的相继出台，将为未来工业固废治理产业的发展提供政策保障。

（二）面临的问题

在我国经济进入新常态的背景下，我国工业固废治理管理局面正从过去政府强制驱动向政府主导、市场作用、社会监督的多元协同治理方向发展，即企业是工业固废治理行业的直接参与者，政府制定的相关政策将直接作用于市场影响企业，企业参与市场竞争发展壮大，社会公众参与管理决策，并对政府和企业进行监督。我国过去在特定历史时期沿用的"谁污染、谁治理"的环境污染治理理念已不能适应当前国内的环境管理状况，该理念下形成的污染治理模式在实践中存在较多问题，作为产废主体，由于污染治理意识的薄弱和经济利益的驱使，工业企业自行开展的污染治理工作既缺乏主动性也缺乏专业性，污染治理成效不理想。

二　新模式分析

（一）解决问题的思路

结合发达国家成功实践经验，我国环境污染治理政策理念正不断发展和进步，市场机制刺激下"环境污染第三方治理"的理念顺势而生并得到逐步推广，已多次出现在我国环保相关政策及政府文件中。2014 年 11 月，国务院发布的《关于创新重点领域投融资机制　鼓励社会投资的指导意见》明确提到"第三方治理"。该意见指出，在电力、钢铁等重点行业以及开发区（工业园区）污染治理等领域，大力推行环境污染第三方治理，提高污染治理的产业化、专业化程度。2014 年 12 月，国务院出台《关于推行环境污染第三方治理的意见》（国办发〔2014〕69 号文，简称"国办 69 号文"），从官方角度对第三方治理的推行工作提出了总体要求，并对如何完善第三方治理机制、推行第三方治理模式、开展第三方治理工作提出了专业化意见，指导全国开展相关工作的研究与探索。2017 年 8 月，国家环境保护部出台了《关于推进环境污染第三方治理的实施意见》。该意见不仅是国办 69 号文的延续性政策，也是对坚持市场化运作的环境污染第三方治理实践问题的解释。一是明确了多方责任：政府负责制定规则，监管产废企业的工作，提高执法力度，创造良好的市场环境；产废企业承担污染治理主体责任；第三方治理企业承担履约责任，完善服务，加强新技术运用，提高服务质量；社会媒体、公众等参与环境污染治理监督，提升全民环境意识。二是继续支持推进第三方治理模式的创新实践，鼓励绿色金融创新，引入社会资本；探索多元商业盈利模式，扩大环境服务领域，延伸相关服务产业链条，向综合、深层和个性化服务发展。三是完善第三方治理行业的信息，鼓励其整合和公开信息，让产废企业获取完整、准确的第三方治理企业信息，促进形成公平、严格的法治环境。

第三方治理在我国尚处于探索起步期，但在工业固废治理领域趋于多元协同的发展时机下，通过有效的政府政策引导和建立完善的市场机制，有望成为推进工业固废治理走向规模化、市场化、产业化的有效治理模式。

（二）基本原理

第三方治理是指排污者通过缴纳或按合同约定支付费用，委托环境服务公司进行污染治理的新模式，是为满足我国环境污染专业性、技术性等治理需求，采用多元化市场机制探索高效率、低成本解决方案的途径之一。第三方治理理念是从过去"谁污染、谁治理"转变成"谁污染、谁付费、第三方治理"[1]，这种理念的转变，将进一步激发市场机制在环境保护领域发挥重要作用，引导社会资本积极参与第三方治理市场活动，不仅有利于减少国家层面环保污染治理专项投入，降低环境监管部门的行政成本，也有利于提高环境污染治理装备与技术水平，加速整个环境保护产业发展。

第三方治理的运作模式主要分为两种：一种是产废企业将污染治理项目全部打包给第三方治理企业的委托治理模式；另一种是第三方治理企业利用产废企业的现有设施设备，通过提供技术运营服务进行污染治理的托管运营模式[2]。

---

[1] 王琪、韩坤：《环境污染第三方治理中政企关系的协调》，《中州学刊》2015 年第 6 期。
[2] 骆建华：《环境污染第三方治理的发展及完善建议》，《环境保护》2014 年第 20 期。

（三）新模式的提出

第三方治理的效益共享模式是在传统的第三方治理服务模式基础上演化而来的，是指产废企业和第三方治理企业分享效益，成为效益共同体，共同参与污染治理的综合过程。效益共享的前提是，双方都应该具有效益分配的权利，而针对特定的环境污染治理项目（简称"治理项目"），如果要成为项目效益的直接受益者，一般都是以投资人的身份，通过投入资金、技术、土地等项目所需有形或无形资源成为客观的必然受益者，因此双方对治理项目都应有相应的投入。

传统的第三方治理模式有一定的弊端。例如委托治理模式，产废企业向具有相应资质的第三方治理企业支付一定的处置费用，由第三方治理企业对约定数量的工业固废进行处理或处置，这种模式下的固废处置可视为产废企业对环境污染治理的一次性投入或补偿，但通常堆存的工业固废不仅存量基数大且综合利用困难，即使第三方治理企业提供服务的单吨平均工业固废处理成本相对产废企业自身处理成本有所下降，整体处理成本对产废企业而言依然很高，产废企业的服务接受度较低。又如托管运营模式，因污染治理项目投入通常来自产废企业，污染治理设施资产属于产废企业，产废企业一般在项目实施过程中对相关运营治理人员部署已有安排；第三方治理企业在项目运营过程中依然可能带来环境侵权风险，产废企业仍需承担主体责任①，这些因素都会使产废企业对污染治理项目第三方运营的必要性产生疑虑。

基于效益共享的第三方治理模式下，产废企业可通过各种形式减少治理项目投入，降低一次性的处理处置费用，换来长期稳定分享治理项目的社会效益和经济效益；双方共同作为项目业主，有利于降低其中任何一方的前期投资和融资成本。这种模式不局限于双方对项目持股比例分享的思路构建，

---

① 王棋棋：《第三方治理模式中环境污染民事侵权责任研究》，西南政法大学硕士学位论文，2017。

效益分享形式量化指标也可根据不同项目决定。共享效益模式的具体实现形式多样，股权比例分红、运营处理短期或长期的额外收益补偿，都可能是双方共同参与治理项目分享效益的形式。产废企业不仅能通过分享治理项目的社会、经济效益来替代部分或全部的传统模式处理费用投入，而且效益共享的期限与项目周期一致，符合双方共同的长期利益。

此外，第三方治理效益共享模式的选择，不仅需要根据产废企业自身、所在地方的环保战略规划、相应的政策环境等确定，同时还要兼顾不同治理项目的技术路线、工艺特点、设备要求等，最终使治理项目更好地推动地方区域性及周边整体的环境发展与建设。

三 新模式案例分析

以政府为污染治理需求主体委托的第三方治理项目，如城市污水处理或城市垃圾焚烧发电等市政类污染治理项目，目前有相对明确的落实政策，已基本形成较成熟的盈利模式。而以产废企业为污染治理需求主体的第三方治理项目，盈利模式较为模糊，仍在探索与发展阶段①。本文主要从环境治理服务企业视角探讨"企企合作"下的第三方治理模式。

鑫联环保科技股份有限公司（简称"鑫联环保公司"）是一家专注于钢铁等行业产生的含重金属固废资源化处理的环保服务提供商，在为钢铁企业提供治理服务的长期实践中，并未采用委托治理模式，这主要基于含锌烟尘运输处理半径小的考虑。鑫联环保公司创立于云南省，而服务的钢铁企业遍布全国各地，如果将所有含锌烟尘都运输到云南处理，会产生极高的运输成本，这对双方而言都是不能承受的。而如果采用托管运营模式，需要钢铁企业先行投入资金建设治理项目设施，这会令钢铁企业面临资金压力与投资风险，而且项目整体需采用鑫联环保公司的自主研发技术工艺进行设计、施工

---

① 周五七：《中国环境污染第三方治理形成逻辑及困境突破》，《现代经济探讨》2017 年第 1 期。

和建设，对鑫联环保公司来说也存在技术泄露的风险。因此，鑫联环保公司开展了基于效益共享的第三方治理模式实践。

（一）合资治理模式案例

如图 1 所示，鑫联环保与钢铁企业按股权比例出资，在合理规划服务半径范围内，共同建设含锌烟尘治理项目，这使鑫联环保与钢铁企业形成效益共同体或效益依赖体：一方面，双方在对含锌烟尘的处理上不仅拥有共同的环境效益处理目标，而且在收益上具有共同的经济利益分成期望，形成资源化商业模式；另一方面，钢铁企业依赖鑫联环保提供治理服务，鑫联环保依赖钢铁企业提供含锌烟尘作为资源化金属产品的原料，形成资源化相互依赖模式。这种基于效益共享的第三方治理模式让钢铁企业和鑫联环保都成为含锌烟尘治理项目的直接受益者，伴随长期稳定的效益分享，共同解决污染治理问题，提高了治理效率。另外，由于项目财务数据对双方公开，当需要引入盈利机制、价格机制、质价结合机制等合理收费机制时，项目的成本与收益情况能得到清晰反映，利于双方对服务治理效果进行沟通与达成共识。

近几年，合资治理模式已取得了丰富的实践经验和显著的环境效益。以

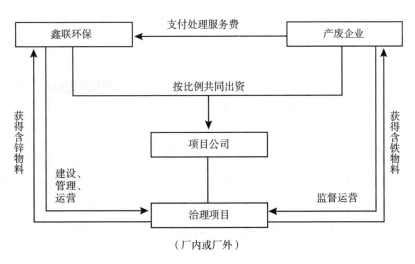

图 1 鑫联环保合资治理模式

H钢铁公司项目为例。H钢铁公司位于河北省重点工业城市，该市是京津冀大气污染防治工作重点城市之一。为满足H钢铁公司年产约6万吨高炉瓦斯泥（灰）的环保治理需求，实现资源综合利用，鑫联环保与H钢铁公司共同投资成立项目公司（鑫联环保持股80%，H钢铁公司持股20%），合作建设可服务于当地及周边地区的钢铁烟尘无害化、资源化综合利用项目，项目总投资约6000万元，2015年开始建设，2016年投运，钢铁烟尘年处理能力10万吨。项目采用鑫联环保的含锌尘泥火法烟化富集技术，由鑫联环保提供管理运营与技术支持服务，H钢铁公司向鑫联环保支付每吨约100元的高炉瓦斯泥（灰）处理服务费。H钢铁公司高炉炼铁产生的高炉瓦斯泥（灰）等含锌尘泥在回转窑进行火法处理，含锌尘泥中的铁元素被富集到窑渣中，经过选铁技术分选成铁精粉返给H钢铁公司，作为高炉炼铁原料；碳元素在回转窑中成为燃料的一部分而燃烧利用；含锌尘泥中的锌、铅等有色金属则被烟化富集到次氧化锌粉中，供鑫联环保湿法基地加工并最终回收出锌、铅等有色金属，从而实现了含锌尘泥的全面回收利用。目前该项目整个生产过程实现环保生产，无二次污染，环保完全达标。项目年收入达6000万元，年利润约500万元，年产次氧化锌粉约4000金吨，年产铁精粉约3万吨。

（二）源头减排治理模式案例

在基于效益共享的第三方治理模式思路下，鑫联环保公司近几年通过技术创新不断积极深化探索，以满足钢铁企业的烟尘治理新需求。针对我国北方地区钢铁企业产生的含锌烟尘中含锌低、含铁高的特点，鑫联环保公司采用水力梯级分选技术为钢铁企业提供低锌高铁烟尘源头减排治理整体解决方案，简称"合同环境服务"（Contract Environment Services，CES），如图2所示。鑫联环保公司承担项目前期全部投资并对后期运营进行管理，钢铁企业在项目治理服务期内向鑫联环保支付治理服务费以降低鑫联环保的处理成本，通过采用烟尘原位减排和源头分选处理技术，低锌高铁烟尘中的铁、碳及锌元素实现相对定向资源化分离，含铁或含碳较高的产品返回钢铁企业使用，含锌较高的产品被运输到距离最近的鑫联环保处理中心作为初级原料进行资源化深度处理。合同环境服务项目的特点在于能最大限度地满足钢铁企业与鑫联环保的共同需求。项目布置靠近钢铁企业出尘源头，实现烟尘源头减排，项目资源化产品就地回用，符合钢铁企业的利益；而对含锌烟尘的直接收集也提高了鑫联环保处理中心的原料质量与生产效率。不同于常规的托管运营服务，合同环境服务项目的设施资产属于鑫联环保公司，而不是钢铁企业，由鑫联环保完成项目的全部投资，这有利于降低钢铁企业的资金风险，提高钢铁企业的接受度。

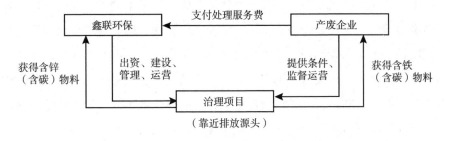

图 2 鑫联环保 CES 源头减排治理模式

以 D 钢铁公司为例。D 钢铁公司位于我国北方重点钢铁工业地区，也是京津冀大气污染防治工作重点城市之一。D 钢铁公司每年产生约 2 万吨高铁低锌型高炉瓦斯灰，其中含锌品位为 3% ~ 4%，无法满足回转窑直接处理要求，而若返高炉回用，锌品位相对入炉料偏高，会对高炉炉况产生严重不良影响。两难的处理方式导致大量高炉瓦斯泥（灰）被堆存，造成其中铁、碳资源的浪费。鑫联环保于 2017 年与 D 钢铁公司达成合同环境服务项目治理合作方案，项目在 D 钢铁公司工厂内部选址建设，总投资约 1000 万元，由鑫联环保完全出资，并负责项目完整建设与后期运营管理，D 钢铁公司在项目运营后按运营处理情况支付处理服务费。项目采用水力梯级分选技术，可对高铁低锌型高炉瓦斯灰进行有效脱锌，脱锌率达到 75%；对分选后的低锌部分，进行铁、碳螺旋分选，使瓦斯灰中的铁回收率达到 50% 以上（铁品位≥50%），碳回收率达到 70%（碳品位≥42%），去除低锌部分

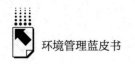

瓦斯灰锌等杂质元素,使其达到高炉入炉要求;将分选出的高锌部分运至鑫联环保当地火法处理中心集中处理。整个项目既做到了源头减排与资源循环利用,又给 D 钢铁公司解决了瓦斯灰堆存带来的环保治理问题,符合双方共同利益。该项目已于 2018 年投运,年产值约 3000 万元,年净利润约 200 万元。

(三)行业推广前景分析

工业固废是工业企业在生产过程中产生的废泥、废渣、废灰等固体废物,不同工业固废具有明显的差异性特征,因此针对不同工业固废的特点进行污染治理是一项复杂的系统工程,可能需要相当长的时间进行技术研发与治理实践。工业固废治理项目大多是重资产项目,投资回收期较长,不确定因素多,投资风险较大,预期回报低,一般的环境治理服务企业没有形成清晰的盈利模式,输出服务的积极性很低,同时也降低了社会资本对工业固废领域污染治理项目投资的积极性,从而导致融资困难,进一步阻碍了工业固废的第三方治理项目的落地与实施。

固体废物的污染防治遵循"三化"原则,即减量化、资源化和无害化。但工业固废大多具有一定资源利用价值,如焚烧不能解决处理问题;因工业固废产量大,如填埋需要占据大量土地,既不切实际也易造成土壤污染。因此,对工业固废的防治处理可尝试采取资源化的思路实现无害化和减量化的目的。资源化过程获得的产品可通过销售收入抵消处理成本,提升工业固废治理项目的收益率。

钢铁行业是工业固体废物污染第三方治理的重点行业之一。以钢铁烟尘为例。钢铁烟尘是钢铁企业在原料准备、烧结、球团、炼铁、炼钢和轧钢等生产过程中进行干法除尘、湿法除尘和废水处理后产生的固体废弃物。除了能直接返回生产利用的烟尘外,其中的含锌烟尘因无法直接利用而堆存处理,成为钢铁企业工业固废重点治理的对象。这种含锌烟尘如在钢铁生产工艺中循环利用,会造成工艺体系中有害杂质含量提高,炉衬使用寿命减少和高炉利用系数降低。根据中国钢铁工业协会的统计数据,我国每年含锌烟尘产量约为 800 万吨①，这时含锌烟尘除含锌外，还含有铅、铟、铋、锡、铁、碳等多种有价元素，其成分随原料状况、工艺流程、设备配置、管理水平等不同而具有明显差异，因此这种含锌烟尘具有明显的规模化、专业化治理需求。

鑫联环保公司根据钢铁烟尘等含重金属固废的特点，研发出具有自主知识产权的"火法富集—湿法分离多段集成耦合处理技术"，该技术具备含锌烟尘回收效率高、处理规模大、有价元素提取效率高、可以实现废渣和废水的零排放等优势，是当前技术领先的含锌烟尘处理方法。该处理工艺可将含锌烟尘进行资源化综合回收，产出多种金属产品，如锌、铟、铅、铁等，能产生直观且良好的经济效益，目前已形成明确且可持续的盈利模式。

未来，鑫联环保计划将基于效益共享的第三方治理模式扩展至含重金属危险废物处置领域，无论是危险废物处置费收入、资源化产品的销售收入还是直接运输到鑫联环保的资源化初级原料，都可被视为对治理项目处理成本进行的一定补偿，这种通过资源化方式对工业固废治理形成的自发补偿机制，将打破第三方治理发展的阻碍，充分发挥第三方治理的专业优势，最终实现第三方治理的初衷。

综上所述，基于效益共享的工业固废第三方治理模式，正在形成项目自有的可持续盈利模式，将产废企业与第三方治理企业的需求结合在一起，双方分享治理项目获得的效益，实现产废企业和第三方治理企业共同解决污染问题，对我国环境污染第三方治理发展与进步具有极大的促进作用。但该模式目前还处于探索发展初期，还需通过实践不断完善，以满足整个工业固废第三方治理市场发展的需求。

附　企业简介

鑫联环保公司成立于 2000 年，是一家专注于钢铁等行业产生的含重金属固废资源化处理的环保服务提供商，致力于以资源化利用方式从源头消除

---

① 冶金工业规划研究院：《中国钢铁烟尘及有色冶炼渣回收利用研究报告》，2016。

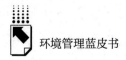

重金属污染。其主要处理的工业固废对象包括钢铁烟尘、有色冶炼废渣等，每年清洁利用各种含重金属固废近 200 万吨。经过与钢铁、有色等产废企业的多年长期合作，鑫联环保公司提出了基于效益共享的第三方治理新模式并开展了实践探索。

B.21
智慧环保服务模式在环境管理中的探索

安　宜*

摘　要： 在环境管理的具体实践中，中国节能环保集团探索出"中节能智慧环保服务模式"作为解决人类对美好生活环境的需求与追求经济社会发展之间矛盾的抓手，通过建设集综合展示、监督管理、辅助决策、政务服务功能于一体的"天空地海一体化"生态环境综合管控平台体系，构建环境精细化监测网络及环保驾驶舱，助力污染精准治理，实现绿色GDP。

关键词： 环境管理　智慧环保　中节能

一　智慧环保提出的背景

环境保护是国际社会共同关注的议题，"加强环境管理"常常被用于解决区域性、综合性、整体性环境问题。1974年在墨西哥召开的"资源利用、环境与发展战略方针"专题研讨会上，"环境管理"概念首次被正式提出，之后加强环境管理逐渐成为协调人类对美好生活环境的需求与追求经济社会发展之间矛盾的抓手。

随着物联网技术的发展，国外在环保智慧化方面有了很多探索和创新。在我国，2011年10月，国务院发布的《国务院关于加强环境保护重点工作的意见》明确提出要通过"加强物联网在污染源自动监控、环境质量实时

---

* 安宜，中国节能环保集团有限公司副总经理，博士研究生，研究员级高级经济师。

监测、危险化学品运输等领域的研发应用，推动信息资源共享"，从而全面提升环境保护的能力。发展以物联网为代表的新一代信息技术有利于加快经济发展方式转变，对国民经济发展意义重大，开展物联网研究和建设逐渐成为我国政府和社会的共识。物联网成为推动环境管理升级、培育和发展战略性新型环保产业的重要手段。综合学习与借鉴国外智慧环保案例、积极开展智慧环境的建设工作恰逢其时。对此，中国节能环保集团（简称"中节能"）也做了很多积极探索。

二　国外智慧环保在环境管理中的应用现状①

（一）西班牙：空气质量及污染监测网

OSIRIS 是欧盟 GMES（Global Monitoring for Environment and Security）下的一个综合计划，是欧洲对环境进行有效管理的一个综合信息基础架构。它通过部署完善的感测网，运用现场实地监测的感测系统，达成监测与防灾的目标。OSIRIS 涵盖现场监测系统、资料整合和信息管理、服务三阶段流程。OSRIS 针对空气质量及污染、地下水污染、森林火灾和工业建筑火灾 4 种情境进行了实验。

以空气质量传感网为例，其可分为空气质量监测和空气污染监测两种情境。这一模拟示范区为西班牙 Valladolid 市，空气质量监测通过 9 个固定式空气质量监测站（安置于大楼顶端）监测 CO、CO_2、NO、NO_2、O_3 以及气象因子，通过安置于公交车顶端的传感器移动监测 NO、NO_2 等浓度和噪声污染。在适当时间将监测数据以无线技术传输至监控中心，与附近固定式气象站信息结合，进行后续污染物扩散模拟预测分析，并且将资料集成后以图形的方式呈现在地图上，作为决策单位的预警系统。

---

① 《他山之石：国外智慧环保的典型案例，你知道多少?》，北极星环保网，http：//huanbao.bjx. com. cn/news/20170703/834683 - 2. shtml。

空气污染情境则是在 Valladolid 近郊进行模拟。如有运载有毒化学品的列车发生翻覆事故，造成有毒物质扩散，一旦接到报警，OSRIS 就会派出带有传感器的微型无人空中飞行器前往事发地点上空进行大气污染物采样。无人空中飞行器将通过地面控制站和 OSRIS 系统与监控中心沟通并传送信息，同时收集即时影像及气象信息供扩散模拟组进行分析，生成产生有毒气体扩散的时空模拟图，以便监控中心评估灾情程度以及确定需疏散的地区。

（二）美国：城市监测传感网络

City Sense 是由美国国家自然科学基金会资助，由哈佛大学和 BBN 公司联合开发出的，可以报告整个城市实时监测数据的无线传感网络项目。

City Sense 通过在美国马萨诸塞州剑桥市的路灯上安装传感器，利用路灯的电力供应系统作为传感器运行时的电力能源，解决了电池寿命对无线传感网运行的限制问题，有利于长期环境监测试验。每个节点都含有一个内置 PC 机、一个无线局域网界面，利用 Wi-Fi 无线网络技术，将监测信息回传到监测中心。监测信息包括压力、温度、相对湿度、风速、风向、降雨量、降雨强度、CO_2、噪声，之后为用户提供 City Sense 网站信息查询。

City Sense 通过把每个节点同相邻的节点相连形成网状，将分散在城市各处的远程节点和位于哈佛大学和 BNN 的中心服务器连接。在这一网络中，利用一个 1 英里（约 1.6 千米）射程的小无线电装置，任何一个节点都可以从远程服务器中心下载软件或上传传感器数据。另外，利用微软公司提供的 Virtual Earth 和 Sensor Map 技术，网站的数据资料将覆盖到地图上。民众及学者可通过网站追踪污染物扩散情形，进行长期监测，研究空气污染解决方案。

三 中节能的环境管理观——中节能智慧
环保服务模式

中国节能环保集团作为中央企业中唯一一个以节能环保为主业的产业集

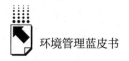

团，为积极贯彻落实国家供给侧改革的要求，推进新形势下环境管理的战略转型，提高地方政府环境治理能力的现代化和精细化水平，在环境管理实践探索方面提出了"中节能智慧环保服务模式"（见图1）。

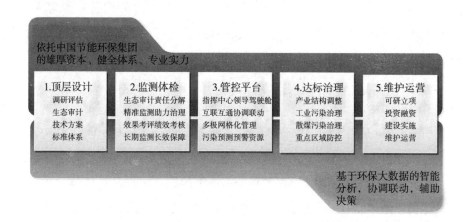

图1 "中节能智慧环保服务模式"一揽子智慧环保整体解决方案

中节能智慧环保服务模式是包含设计、建设、运营、投资的一揽子智慧环境整体解决方案。方案遵循整合－完善－新建原则，在统筹规划、充分调研的基础上，在环境信息标准规范体系指导下，通过高新技术完善感知网络建设，整合现有各独立系统资源，建立以云计算和大数据为基础的数据管理中心，建成生态环境一体化综合管控平台体系，达到科学管理、智能决策、有效实施的智慧环保目标。该模式的主要内容如下。

（一）"天空地海一体化"全面感知，实现辖区全方位、无盲区的环境监管

1. 构建环境监测网络

中节能智慧环保服务模式通过完善大气环境、水环境、污染排放和危化品等的实时监测感知，构建一个全方位、多层次、广覆盖的环境监测网络，统筹先进的科研、技术、仪器和设备优势，充分利用全天候、多区域、多门类、多层次的监测手段，提升环境监测能力。

2. 形成环境"一张图"

此外，中节能智慧环保服务模式还通过环境地理信息应用系统将所有环境信息通过环境"一张图"进行分类专题图层展示，将环境状况直观、形象地呈现给管理者，使环境管理部门真正实现对辖区全方位、无盲区的环境监管。

（二）建立四级网格化环境监管体系，实现及时环境执法

按照"定区域、定职责、定人员、定任务、定考核"的要求，建立市、区、镇、村四级网格环境监管体系，强化各级政府对本行政区域环境监管执法工作的领导责任，按区域派驻监管执法人员，将监管责任落实到单位、到岗位，推进监管重心下移、力量下沉，实现环境监管执法全覆盖。

建立网格化技术和 GIS 技术的一张图网格化管理理念，将网格化工作模式与当前各业务部门自身建设的信息系统、GIS 相结合，构建一种比传统 GIS 更为精确和细致的系统管理模式以提高环境监管工作的效率。以实时动态、界面形象、图形直观的网格地理电子地图，实现四级网格的环境信息查询、应用、统计、分析，有助于实现环境保护动态监管及时执法。

（三）形成以环保云平台和大数据为核心的"互联互通、协调联动"环境管理新模式

建立大数据管理云平台和数据中心，形成促进数据共享、开放的体制机制。用数据打通环评管理、污染源监控、排污许可及交易、环境监测、监察执法、应急处置等管理环节，用数据整合管理、支撑业务，提高生态环境监管的主动性、准确性和有效性，形成以大数据为核心的环境管理新业态。环保部门内部实现业务系统互联互通、打破"数据孤岛"，实现业务系统统一管理、数据资源统一存储、业务流程统一监管。面向外部其他政府部门实现相关数据实时共享，打破跨部门环保相关业务的数据壁垒，实现"大环保"。该模式的实施极大地提高了政府环境日常管理水平，同时提高了其应急防范及应对能力，提升了政府形象。

（四）全面系统的环保大数据智能分析为环境治理和产业结构调整提供量化决策依据

中节能智慧环保服务模式结合"天空地海一体化"生态环境监测的海量环保大数据，整合气象、交通、财政、工信等部门的相关数据，整体分析目标地区环境现状和污染排放情况，并利用专业的数据模型和算法，实现智能预测预警和污染的定向溯源，说得清污染现状和来源，在助力环保监管、执法和应急处置之余，为政府环保决策提供精准的数据支持，是坚决打赢生态环保攻坚战的有力保障。

中节能智慧环保服务模式可有效提升政府有关环境治理规划、污染物减排目标及最优路线图制定的决策水平，在改善环境的同时，还可降低相关经济成本。同时相关数据可为政府产业结构调整提供极具价值的数据支撑与量化决策依据。

（五）加大环境质量信息公开力度，提高政府的公信力

中节能智慧环保服务模式在面向政府提供环境大数据服务的同时，也面向公众和企业提供环境信息服务。

该模式可为企业提供环保监测数据，实现环保部门决策的"有数可依、有章可循"。公共渠道实时发布环境监测数据、环保相应政策条款与环境改善成果，使全民参与到"大环保"之中，进而取得强化全民环保意识、普及环保理念的效果。同时，提高信息公开水平也可极大地提高政府的公信力。

四 中节能智慧环保服务典型案例分析

在具体开展环境管理的实践过程中，我们认识到，中国地域辽阔，各地情况不尽相同，地势上表现为"西高东低"，经济发展水平和环境意识却呈现"东高西低"态势。环境管理的区域性特点要求我们开展环境管理工作时必须以国情、省情、地情为出发点，既要强调全国层面的统一化管理，又要考虑区域发展的差异性、不平衡性，不能"一刀切"。盲目照搬国外先进的管理经验或推广国内个别地区的管理做法行不通，完全按照东部沿海地区的环境保护标准和要求指导中西部地区的环境保护工作也不可取。开展环境管理工作，要从实际情况出发，制定有针对性的环境保护目标和环境管理的对策与措施①。

在此，我们以城市 A 与 B 为例介绍中节能智慧环保服务模式的具体实践。

（一）A 市案例

1. A 市环境管理项目背景

随着国家对环境保护工作的要求日益提高，A 市环境保护监管能力不足的问题成为 A 市解决环境问题、实现绿色发展的制约因素，具体表现为：环境信息基础能力薄弱，环境信息化体系建设尚不能适应环境保护工作的需要；环境监测、监察执法、应急管理、宣传教育等环境监管能力有限；区（县）级环保部门普遍存在人员编制不足、执法力量薄弱、人员专业素质不高、监测硬件设施缺乏、环保宣教不到位、手段单一等问题。尤其在空气污染防控方面，2017 年 A 市在各类城市空气质量排行榜中排名靠后，与空气质量优良的城市差距很大。在此局面下，科学指导 A 市大气污染防治精准治霾是摆在 A 市政府面前的紧迫任务，在 A 市开展智慧环境建设工作恰逢其时。

结合时下监测形势和各级政府、环保部门工作现状，中国节能环保集团成功拓展出智慧环保 A 市模式，以强大的社会责任感和雄厚的专业实力积极为 A 市政府排忧解难。在项目常规审批程序和建设进度无法满足当前紧迫需求的情况下，中节能再次发挥央企的表率作用，表现出强烈的责任心，先行垫资开展项目建设，以确保项目的建设进度，为 A 市环境管理工作打

---

① 《"环境管理"词条》，MBA 智库，http：//wiki. mbalib. com/wiki/% E7% 8E% AF% E5% A2% 83% E7% AE% A1% E7% 90% 86。

好坚实的数据保障基础。

2. 智慧环保 A 市方案

本方案总体框架采用标准四层架构体系，即"感知互动层"采集数据、"网络传输层"上传信息、"平台支撑层"进行环保云计算、"智慧应用层"进行综合应用决策及业务管理。A 市城市生态环境保护综合管控体系基于"统筹规划，顶层设计、重点先行，分步实施"的原则，分步进行了建设和推进（见图 2）。

图 2　A 市相关项目分步实施方案

3. 项目意义

A 市"智慧环保"项目的实施，不仅为 A 市冬防期科学指导大气污染防治精准治霾提供了技术支撑，为完成 A 市 2017 年治霾任务做出了重要贡献，而且对整个 A 市的环境保护工作具有重要意义。

（1）完善感知网络建设，提升环境监管能力

通过完善各环境要素的实时监测感知系统，构建一个全方位、多层次、

广覆盖的环境监测网络，完成由污染排口监测向污染排放全过程监管的模式转变，有效控制污染物的违规排放，逐步控制和减少向环境主体排放污染物的总量，进而提升 A 市环境监管能力。

（2）提高应急防范能力，为政府决策提供可靠依据

"智慧环保"项目促进了数据资源共享、系统整合，实现了信息资源的管理和高效利用，提高了应急防范能力，为政府决策提供可靠依据，提高了政府环境管理水平。

（3）创造显著经济效益与社会效益

A 市"智慧环保"的建设，带来显著的环境与经济效益，如全面系统的大数据可有效提高政府环境治理规划、污染物减排目标及最优路线图制定的决策水平，在改善环境的同时，降低相应经济成本。此外，还可有效促进环境质量信息公开，强化公众环保意识，普及环保理念，提高信息公开水平，带来显著的社会效益。

（4）推动产业结构调整，为供给侧改革提供依据

翔实的数据支撑有助于政府科学、经济地以环境效益最大化的方式推动产业结构调整，为供给侧改革提供极具价值的数据支撑与决策依据。

（二）B 市案例

1. B 市环境管理项目背景

B 市以煤电传统产业为工业基础，规模以上煤炭生产企业、发电企业密集，能源消耗以煤炭为主，属于工业结构性大气污染，是典型的煤烟型大气污染城市。B 市空气污染形势严峻，亟待加强环境管理。

中国节能环保集团结合当时的严峻形势和当地各级政府、环保部门工作现状，成功拓展出智慧环保 B 市模式，以强大的社会责任感和雄厚的专业实力，积极为 B 市政府排忧解难。在 B 市环境改善压力巨大的形势下，中节能结合自身专业优势和多项先进技术，为 B 市量身打造了一套先进的结合网格化管理体系与环境监测网络的环境管理方案。

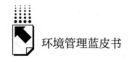

2. 智慧环保 B 市方案

B 市智慧环保监管体系以"一网、两线、三面、多点"为基本架构，即构建覆盖全市域的环境监管网络，"一网"打尽污染源，实行环境监管"两线"责任制，建立市、县、乡"三面"平台，建设"多点"监控站点。

智慧环保监管体系的组织架构以行政区划为基础，建立市县区镇多级网格控制系统，共计数百个网格点，网格点的管理实行专职网格员负责制，配备专业网格化装备及系统。在此基础上，对应建设市县乡镇及部门监管平台。

智慧环保监管平台依托 B 市智慧城市数据中心的硬件设备，接入各类监督、监测点位万余个，涵盖空气、河流断面、污染源连续自动监测、监控视频、定位等多要素监测系统。

3. 项目意义

智慧环保监管平台实现了在线监测、在线监督、在线管理、在线指挥、分析应用五大功能。在线监测注重监测数据量化管理，在线监督督促行业部门导则落实，在线管理偏重环境网格化监管，在线指挥重点应用于重污染应对等应急管理工作，分析应用可为政府决策提供大数据研判和工作成效评估考核支撑。

2017 年，B 市生态环境质量得到持续改善，全市 PM 2.5 平均浓度大幅下降，空气质量改善幅度位居全国城市空气治理排行榜前列。调查数据显示，2017 年 B 市呼吸道疾病患者数量较 2016 年同期明显下降。民生健康数据的变化是大气治理成果的直接反映，因此民众的环境保护参与度及满意度明显提升，实现了经济增长、生态改善、民生福祉互促共赢。

2017 年，B 市规模以上企业营业收入、利润、利税均保持了大幅度增长。固定资产投资三分之二以上来自环保，开创了发展先例。环保倒逼经济转型发展成效明显。

五　结语

在环境管理的具体实践中，中国节能环保集团探索出"中节能智慧环保服务模式"作为解决人类对美好生活环境的需求与追求经济社会发展之间矛盾的抓手，通过建设"天空地海一体化"的生态环境综合管控平台体系，帮助决策者全面掌握区域生态环境数据，普查自然资源底数，测算生态承载能力，从而为城市发展建设规划提供科学依据，进而在保护生态环境的同时放开手脚大力发展经济；通过对污染的精准定位、精准检测、精准治理，避免了污染治理中"胡子眉毛一把抓"批量关停、乱棍打死的现象发生，化解了多年来经济发展与环境保护之间的矛盾；通过建立以环境效果为导向的评价与考核机制，面向政府、企业、公众提供环境信息服务，加大环境质量信息公开力度，提高民众环境保护工作参与度和认可度，全民参与到"大环保"之中；通过全面系统的环保大数据智能分析为环境治理和产业结构调整提供量化决策依据，倒逼、助推经济结构调整和经济转型，推动经济发展走上结构更优、质量更高、环境更好的绿色发展轨道，从而实现环境改善和经济发展双赢。

附　企业简介

中国节能环保集团有限公司是中国唯一一家以节能环保为主业的中央企业，是国家节能环保政策的忠实践行者和节能环保事业的坚定开拓者，与中国节能环保事业共同起步、共同发展。目前，集团拥有 500 余家子公司，其中二级子公司 28 家，上市公司 5 家，业务分布在国内 30 多个省市及境外约110 个国家和地区，员工近 5 万人。

B.22
城市生活垃圾分类减量一体化
解决方案研究*
——以广州市西村街道为例

杜欢政　王　韬　张威威**

摘　要： 中国政府高度重视城市环境治理，大力推动城市垃圾减量化、无害化、资源化处理，并积极探索系统解决方案。特大型城市如广州的生活垃圾处置形势依然严峻，在广州市、区政府的大力支持下，同济大学循环经济研究所、浙江长三角循环经济技术研究院与广州市分类得环境管理有限公司积极投身于城市垃圾分类管理的创新实践，形成了具有一定特色和推广价值的"城市生活垃圾分类减量一体化解决方案"。该方案创立了街道垃圾分类促进中心，通过由政府购买服务，让专业企业全面统筹街道垃圾分类回收工作，并辅以城市垃圾数字地图、数据库与一体化管理平台等现代信息管理手段，引导城市居民自觉开展垃圾源头分类，形成"政府主导、企业主体、中心运作、全民参与"的长效管理机制。该方案是对我国城市垃圾管理机制的创新，对破解垃圾围城难题、开发城市矿产、推动中国城市生态

* 本文基于第五届中国管理科学学会管理科学奖（创新奖）成果进行介绍。
** 杜欢政，博士，同济大学教授、博士生导师，同济大学循环经济研究所所长、浙江省长三角循环经济技术研究院院长，研究方向为资源循环利用、循环经济与区域经济、生态文明与可持续发展；王韬，博士，同济大学循环经济研究所研究员，研究方向为循环经济、产业生态学；张威威，同济大学博士研究生，研究方向为循环经济与绿色发展。

文明建设具有积极的借鉴意义。

关键词： 城市生活垃圾治理　街道垃圾分类促进中心　垃圾数字地图
长效机制

一　研究背景

中国城市垃圾产量猛增，采取填埋、焚烧等传统处置方式将占用宝贵土地
资源，并造成二次污染，易引发社会矛盾。垃圾围城是多地亟待解决的难题，
需要体制机制创新和路径突破。同济大学循环经济研究所、浙江长三角循环经
济技术研究院与广州分类得环境管理公司在广州市荔湾区西村街道创建的城市
生活垃圾分类减量一体化解决方案和长效运行机制，正在广州市推广。

广州市荔湾区西村街道位于荔湾区的西北部，东与流花商业区相连，南
连西关腹地，西倚珠江与南海区相望，北邻白云区石井镇。面积 3.27 平方
千米，占荔湾总面积的 27.71%；人口 8.4 万人，约占全区总人口的
16.15%。西村街道辖西湾、大岗元等 8 个社区。西村街道社区以工业企业
家属区、成熟物业小区和城市老社区为主，还有众多机关企事业单位和商业
活动单位，是中心城区的典型老社区。

二　西村街道的垃圾分类管理模式

基于"政府主导、企业主体、中心运作、全民参与"的管理模式，广
州市分类得环境管理公司（简称"分类得"）于 2013 年 8 月 5 日与广州市
荔湾区西村街共建"西村街垃圾分类促进中心"，正式合作开展全面垃圾分
类管理机制的探索。按照广州市的垃圾分类工作统一部署，西村街道与分类
得公司建立合作关系，把具备市场化运作的垃圾分类工作交给社会企业推
进，不能市场化或暂时不具备市场化运作条件的垃圾分类工作由街道办事处

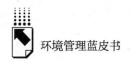
兜底。同时，在宣传工作及有害垃圾回收、低值可回收物回收等方面，给予企业一定的经费补贴，支持完善市场力量参与建设垃圾分类长效机制，以期达到政府和企业双赢的长远目标。尽管具体工作做法历经更迭、创新、完善，但分类得在西村街探索实践的宗旨始终未变，即努力建立促进居民和机关团体单位参与垃圾分类的街道（前端）管理分流机制，为整合、发展中后端转运、交易、处理的循环经济低碳产业链奠定物流基础。

分类得公司在街道的监督和协调下，在街道建立垃圾分类管理与服务平台，主要开展以下六个方面的工作：成立并由企业具体运作街道垃圾分类促进中心，开展垃圾量的数据调查和产出登记，吸纳和引导各类资源回收从业者，实现有害垃圾回收全街覆盖，组织低值可回收物专项回收与宣传活动，探索建立餐厨垃圾单位收运登记体系。通过几年的理论探索与"西村街道垃圾分类减量化"实践，公司逐渐形成了可推广、可复制、可借鉴并极具示范意义的"城市生活垃圾分类减量一体化解决方案"。

（一）成立街道垃圾分类促进中心

街道办事处免费提供独立的办公场地，企业提供专业的运营团队和服务团队，双方共同成立街道垃圾分类促进中心。企业负责招聘人员，并对其进行一定的知识和技能培训后聘任其为促进中心的环境管理员。同时，配置办公设备和垃圾分类数据服务终端，并安排环境管理员对数据服务终端的工作进行监督。根据实际需求建立便民服务的垃圾分类回收点并对其进行日常管理，使街道垃圾分类促进中心成为街道垃圾分类的指挥部。

（二）建立街道垃圾分类工作信息数据库

以促进中心为主体，分类得对西村街道辖内社区的商铺，企事业单位的情况和生活废弃物的种类、数量展开全面调研，建立比较完善的数据档案。中心安排专门的工作人员负责理清各类垃圾的产量和实际流向，形成本街道的动态数据库并绘制数字地图，初步奠定垃圾产出点数据库动态管理基础。基于各自产生垃圾的主要种类，以及对西村街 8 个社区所有路面商铺、机关团体单位的基本情况和生活废弃物排放种类、数量等进行的调查，促进中心把全街787个垃圾产出点（居民家庭归入物管类）分为70个类型（见表1～表4），建立数据档案，每个类型都有一种或几种主要产生垃圾，可以通过建立针对性强的回收模式来减少原有环卫收运体系的垃圾数量和种类。

表1 西村街基础信息摸查统计

西村街	街道面积（平方千米）	社区数量（个）	小区数量（个）	楼宇栋数（栋）	垃圾产生点（处）	常住户数（户）
	3.27	8	61	1174	3638	16460

表2 西村街辖区机关团体商铺统计数据

单位：间

	商铺类别		商铺类别
生活服务	141	休闲娱乐	9
专业服务	45	医疗医药	14
零售百货	94	培训机构	14
商业销售	48	五金建材	34
各类机构	60	其他机关团体	18
餐饮食肆	114	待营业或招租	84
轻工食品	34	合计	728
生蔬生鲜	19		

表3 西村街垃圾产出点类型

专业服务(184)				餐饮行业(149)				机构组织(58)			
自行车店	4	汽修	9	饭店	7	排挡快餐	96	居委会	8	仓库	7
照相馆	2	美容	25	面包点心	18	小食店	28	社区服务	12	公园	1
银行	7	交通运输	6	生蔬生鲜(24)				机关单位	4	管理处	4
消防用品	1	家政	1	花店	9	市场	1	私营单位	22	—	
洗衣店	2	加油站	1	水果店	10	蔬菜	4	休闲娱乐(7)			
五金	16	广告	11	轻工食品(40)				网吧	3	体育馆	2
维修	9	发廊	27	茶叶店	9	粮油店	8	棋牌	2		
推拿按摩	8	地产	18	烟酒	11	凉茶店	5	学校(17)			
投注站	8	殡葬	1	牛奶店	7	—		小学	4	幼儿园	8
通信	12	废品站	3	培训机构(19)				中学	5		
水站	12	旅行社	1	补习社	12	早教班	1	休闲住宿(11)			
—		驾校	5	琴行	1	酒店	11		

续表

便利百货(133)			建筑建材(20)			医疗医药(19)		
杂货店	70	书店	1	装修	16	装修材料	4	保健	7	医院	2
便利店	11	士多	24	服装纺织(46)			药房	8	门诊	2
超市	7	家居用品	11	服装店	42	纺织	4	待营业或招租(60)		
文具	4	眼镜店	5	—			—		
合计　70类　787个								

表4　西村街辖区生活垃圾统计数据

单位：吨

西村街	平均日产垃圾量	居民生活垃圾量	机关团体生活垃圾量	马路垃圾量	低值可回收物量	高价值废品量	有害垃圾量
	65.55	39.57	18.24	1.83	2.6	0.59	0.0032

（三）规范再生资源回收队伍，完善再生资源回收体系

根据调查所掌握的信息，促进中心有针对性地开展了促进各垃圾产出点垃圾分类的管理工作。中心管理员吸纳和引导回收人员到促进中心登记，并对其进行管理和培训，回收人员按照统一标准来指导民众垃圾分类，再通过放置外观鲜明的小屋强化垃圾分类便民回收服务点建设，完善资源回收便民服务点低值可回收物的回收工作。以每个点服务约500户居民为基数，在每个社区建立垃圾分类便民服务点。服务点人员来自被收编并正规化管理的本地回收人员，通过对其进行专业培训鼓励其获得更多合法收益，同时为社区居民和机关团体单位提供垃圾分类指导和资源回收服务。街道再生资源回收网络结构示意图见图1。

①通过组织合作式的专项回收活动，引导街道内回收人员接受信息登记管理并进行独立建档。登记发现，西村街共有40多名回收人员，固定回收人员有25名，流动回收人员约20名。至今，与促进中心开展合作并且接受登记的有48名，其中有45名领取了工作服。长期参与专项回收活动的有9名。

②按照垃圾产出点的分布情况，在街道内张贴 486 张《垃圾分类便民服务指南》，建立 17 个资源回收服务点，对宣传点和服务点全部实行独立编码的数据地图管理。从 2014 年 5 月起，为保证有害物质回收全街覆盖，已在街道内居民区设置了 165 个有害物质收集点，每个收集点均悬挂有 1 个有害物质收集箱并张贴 1 个宣传指引；同时，为完善资源回收便民服务点的低值可回收物回收功能，在原有的资源回收服务点上有取舍地安放了 15 个外观鲜明的小屋。

③通过对街道的垃圾量进行调查、引入资源收购商来引导回收人员和环卫工人向群众提供分类回收服务，资源收购商、回收人员和环卫工人获取分流资源的收益；通过相应的技术手段采集三者在提供服务时所产生的精确数据，可以引导整个"城市矿产"交易和再生处理产业的发展。在垃圾分类管理与服务过程中，由于回收人员和环卫工人所提供的面向群众的分类回收服务是深入到户的，促进中心通过技术手段所采集到的资源产生数据，以及根据该数据构建的管理云数据库也是深入到户的。有了深入到户且动态更新

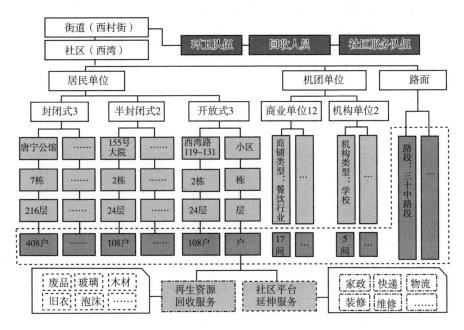

图 1 街道再生资源回收网络结构示意图

的管理云数据库，促进中心就有了向每户群众提供更宽泛和贴身的社区服务的基础，同时也有了向各级行政部门提供不断精细化的管理数据的基础。这有利于各级政府推进城市环境"干净、整洁、平安、有序"，提升各城市的竞争力和人民群众的满意度。

（四）建立街道有害垃圾回收体系

通过悬挂有害垃圾收集箱和张贴收集指引，建立街道有害垃圾回收点，并逐步指导全街五金、医药商铺协同开展有害垃圾回收。每个有害垃圾回收点由促进中心工作人员定期回收和分类，有条件的建立有害垃圾临时贮存展示场所，对回收的有害垃圾进行分类、封存和数据记录，做好有害的垃圾单独存放和定点回收的警示宣传，全面覆盖街道的有害垃圾产出点。从 2014 年 6 月起，促进中心悬挂有害物质收集箱，工作人员每隔三天就要登记回收点有害物质的情况，回收量稳步提升。

（五）完善街道低值可回收物回收运行体系

针对低值可回收物的运输成本高和人工成本高的问题，为发挥规模效益、避免分散收集，根据街道实际情况，促进中心建立了低值可回收物回收运营机制。前期以废旧玻璃、木材为优先处理对象，根据实际情况逐步开展废旧胶纸、泡沫及木质家具（暂不含沙发、床垫）等专项回收服务，结合数据进行分析，全面推进辖区内的低值可回收物分流。从 2013 年 10 月起，促进中心设立"西村街玻璃和木材便民回收点"，至 2014 年 12 月 31 日，14 个月共回收木头 428.07 吨、玻璃 125.93 吨，平均每月回收木头 30.58 吨、玻璃 8.99 吨。2015 年的 1 月至 6 月共回收木头 340.32 吨、玻璃 68.95 吨，平均每月回收木头 56.72 吨、玻璃 11.49 吨。

（六）全方面开展垃圾分类宣传活动

街道以促进中心为宣传主体，中心内设立垃圾分类业务回收热线和垃圾分类咨询热线，定期在辖区内开展垃圾分类相关活动，针对机关团体单位开展垃圾分类培训，对街道环卫工和物业清洁工进行垃圾分类操作业务培训，利用周末对居民社区定期开展有害物质、废旧纺织物等低价值资源回收与宣传活动，同时建立常态化的垃圾分类宣传运作机制。

①促进中心定期在社区和学校中开展旧衣服等低价值资源回收活动，探索性地设置专项资源回收点，逐步推进生活垃圾的分类收集工作，从易到难、分阶段地培养群众垃圾分类的生活习惯。

②推动校园垃圾分类宣传。通过向学校发放《广州小学国学环保教育与家校联系本》等科普书籍，促进中心向师生普及简单易上手的垃圾分类知识，并在校园开展资源分类回收活动，让学生带领其家庭成员参与垃圾分类活动，全面促进街道分类工作的发展。与此同时，培养学生的良好品德。

③配合街道开展居民家庭垃圾分类宣传工作，指导街道或社区公职人员配备相应的分类垃圾桶、楼道宣传设施。分类方法结合优秀的民族传统并坚持循序渐进与由粗到细的原则，引导居民掌握分类与投放的原则和技能，从而不断提高居民家庭废品回收率，同时不断降低居民投放到垃圾桶的垃圾量。

④联合街道办和居委会组织垃圾分类文化活动及入室宣传活动，引领居民以垃圾分类的方式参与广州市创建文明城市、创建卫生城市、创建低碳社区等城市行动。截至2011年，企业共参与社区文化、环保宣传活动100多场，赠送专利厨余桶7000多个、居民楼道分类桶4000多个。

⑤联合社区超市推出折扣优惠卡，由再就业资源回收队向接受服务的居民赠送，让群众提前体验以垃圾分类为起点的循环经济的好处。截至2011年，企业联合广州市粮食集团下属8字连锁超市的新城店，共向参与垃圾分类的居民赠送折扣优惠卡超过10000张，持卡人可在新城店打折购买油、米、面等生活必需品。

西村街垃圾分类促进中心至今组织专项资源回收活动共计46次，覆盖社区7个。登记回收数据显示，参加过活动的户数不低于787户，共回收旧衣物4.47吨，从家庭和机关团体单位收集有害垃圾近0.09吨，其中废旧电池35.3公斤、过期化妆品2.8公斤、过期药品37.2公斤、废灯管1261根、其他危险品6.8公斤。

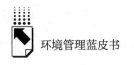

（七）监管街道餐厨垃圾

街道促进中心为组织检查登记街道辖内的餐饮机构和机关团体单位，摸清辖区餐饮单位餐厨垃圾实际产出量，实施餐厨垃圾产出单位登记排放管理，建立产出单位排放登记和电子申报制度，根据及时的数据反馈，定期汇总提交单位的垃圾信息数据并进行监管。逐步建立辖区餐厨垃圾独立收运方式，对街道餐厨垃圾进行独立分流和减量。

据调查，西村街产生厨余垃圾的单位有肉菜市场、花店、水果店等，种类包含泔水、绿化枝叶、市场厨余等；目前正常营业的仅有138家，日平均厨余垃圾总量为3526公斤，环卫处理量834.5公斤（此数字由环卫工人提供），非环卫处理量2691.5公斤。换言之，西村街149家饮食店平均每月产生厨余垃圾约105.8吨（节假日或季节对厨余垃圾量有影响），平均每月非正规途径流入、处理的厨余垃圾量占比高达76%，约80.7吨。以此计算可设计培育4~8家泔水回收单位，以"定时定点"的方式对辖内餐饮企业的泔水进行收运，再统一将废油渣送往正规企业进行处理，最终形成正规泔水回收处理产业链。

三 西村经验探讨

总结广州西村街道的垃圾分类管理经验，我们认为，现阶段在全国范围内普遍开展垃圾强制分类还存在很多障碍，需要花一段时间完善基础设施，建立产业体系和政策机制，着力培育公众的垃圾分类意识和可持续发展的生活方式。垃圾强制分类工作应先在政府机构及事业单位试行。保障条件比较完备的城市和区域，可以率先制定符合国情区情、可操作的地区法规政策和管理细则，推动落实城市生活垃圾分类减量一体化方案。主要工作思路和要点如下。

①城市生活垃圾分类减量一体化解决方案可概括为"政府主导、企业主体、中心运作、公众参与"。明确区分政府、街道办、企业及社会的责权

利，政府购买服务，建立市场机制下由企业具体运作的街道垃圾分类促进中心，促进中心全面负责街道垃圾分类回收工作，做好督导和宣教工作，形成长效机制和可持续盈利模式，是垃圾分类得以持续有效运转的关键。

②政府体制机制改革和政策创新是垃圾分类工作的突破口。城市政府需设立统一领导小组，统筹协调城管、城建、财政、环保等执行部门，理顺管理机制。政府需出台政策，做好垃圾分类专项规划；支持街道向企业购买服务，形成标准化的 PPP 模式；改革整合各类垃圾补贴政策；鼓励垃圾处理管理技术创新和人才培养培训。

③科学合理地建设场地及设施是垃圾分类工作取得成功的保障。要系统地设计楼宇、小区、街道物资区内暂存、区域中转与城市周边处理场地及设施。对新建城区，要将场地建设纳入初始用地规划和建设方案；对老城区，则重在改造现有设施和用地，并给予相应的政策优惠和资金补贴。

④采用信息网络技术能够有效提高垃圾分类的效率。由街道分类促进中心出面，对街道辖区内的居民、商铺、机关单位的生活垃圾排量和种类进行调查，调查所得数据用于构建基于大数据的城市垃圾分类与资源化数据管理系统，并绘制城市垃圾产出点分布数字地图。同时建立垃圾管理服务和城市矿产交易平台，建设现代化的逆向物流管理系统。

⑤"两网融合"是垃圾分类的未来趋势。只有重构再生资源回收网络和生活垃圾分类清运网络，建设布局合理、系统健全、设施适用、管理规范的"两网融合"分类回收体系，才能持续推进资源增量与垃圾减量，破解垃圾围城难题。"两网融合"代表了城市生态文明的发展趋势。

B.23
城乡一体化项目模式介绍

王云刚　王明博　许继云　南　剑*

摘　要：　　　近年来，由于农民对农作物秸秆需求下降，秸秆处理成本过高以及农民科学处理秸秆意识薄弱，大规模就地焚烧秸秆现象时有发生。秸秆直接焚烧不仅破坏土壤结构，造成空气污染甚至引发火灾，也给人们的生产生活带来不便，甚至威胁人民的生命财产安全。同时，农村地区生活垃圾乱丢、就地掩埋、就地焚烧现象也十分普遍。中小型县域政府均力求解决上述问题，但普遍面临两件"头痛事"：一是，大量农作物秸秆分布分散，大规模处理难度大，缺乏切实可行的处理措施，禁烧工作难度大；二是，中小县域每日300~400吨的生活垃圾量无法满足规模化垃圾焚烧发电厂的建设要求。

基于此，中国光大绿色环保有限公司推出"城乡一体化"项目模式，即将城乡生活垃圾处置项目和生物质农林废弃物处置项目统一规划、统一建设并统一运营管理，实现垃圾焚烧发电与生物质发电"一体化"处理，达到节约土地、共享设施、协同管理的目的，实现环境效益、经济效益和社会效益的多赢。城乡一体化项目模式是破解农村环境综合治

---

* 王云刚，高级工程师，中国光大绿色环保有限公司执行董事兼副总裁，研究方向为生活垃圾发电、生物质发电、餐厨厌氧发酵、危废焚烧处置、危废填埋处置等项目的工程管理、技术集成及系统运行；王明博，助理工程师，中国光大绿色环保有限公司贵溪项目工程指挥部总指挥，主要从事生活垃圾发电、生物质发电、危废填埋处置等项目的工程管理工作；许继云，博士研究生，中国光大绿色环保有限公司工程管理部主任工程师，主要从事生活垃圾发电、危险废物处置、固废等离子气化等技术研究及工程管理工作；南剑，中级工程师，就职于中国光大国际有限公司北京代表处，主要从事环保产业政策研究等工作。

理难题的有效途径，同时也有助于落实乡村振兴战略，打赢脱贫攻坚战。

关键词： 农村　生活垃圾　城乡一体化

一　研究背景

（一）政策要求

《中华人民共和国大气污染防治法》第 77 条规定：禁止露天焚烧秸秆、落叶等产生烟尘污染的物质。

《国家农村小康环保行动计划》要求"生活垃圾要实现定点存放、统一收集、定时清理、集中处置，提倡资源化利用或纳入镇级以上处置系统集中处理"。

由住房和城乡建设部等十部门出台的《全面推进农村垃圾治理的指导意见》提出了因地制宜建立"村收集、镇转运、县处理"模式的要求，下达了全面治理农村生活垃圾的任务目标。

2013 年，雾霾席卷全国部分地区，空气污染治理成为国家环境治理的重中之重，国家各部委及各地方政府纷纷出台政策措施，大力开展环境治理工作，农村地区农林秸秆焚烧资源化和农村生活垃圾的综合处置也逐步提上日程。

（二）国内农村生活垃圾处理现状

目前国内垃圾焚烧发电在中型以上城市已具备一定规模，形成单独投资的规模效益。但是，在小城镇及乡村，由于人口有限，单独垃圾焚烧发电的规模小，未形成单独投资的规模效益，建设缓慢。同时，由于小城镇及农村没有建立健全的垃圾处理模式，大量的垃圾得不到处理，这给环境治理造成很大压力。另外，由于在小城镇及乡村有较好的生物质资源，国家鼓励生物

质发电项目，以减少因村民焚烧秸秆而造成的环境污染。然而，由于目前国内生物质焚烧发电项目布点较多，秸秆资源有限，单独的生物质焚烧发电项目经常因秸秆数量不足而运营及收益不佳，生物质项目的建设及运营面临较大困扰，甚至出现停滞，迫切需要新的模式来解决问题。

二 案例分析

（一）解决问题的思路

（1）砀山县农林秸秆与生活垃圾处置情况介绍

砀山县是一个以农作物和水果业为主的农业大县，其中95万亩耕地每年产农作物秸秆约45.34万吨，74万亩水果林每年产废弃果树枝条约30万吨，大片的杨树防护林及两个板材加工产业区每年产林木燃料（杨树枝条、树皮及边角料等）23.43万吨。农林生物质秸秆资源十分丰富。

砀山县域总人口93.5万，其中农业人口84.9万，辖13个镇和1个经济开发区。根据前期调研结果，砀山县人均垃圾产生量约为0.375公斤/日，各镇垃圾产量保守估计平均14.25吨/日，城区日均180~200吨，全县日产合计约350吨。各镇均已建成垃圾中转站，全县配置垃圾桶近3万个、垃圾箱1300个，垃圾转运车400余辆。

但从调研结果来看，砀山县农村秸秆与生活垃圾的处理存在如下问题。

①秸秆收运没有进行规范的市场化运作，收运终端分散混乱。

②小麦等农作物的秸秆仍采用田地散烧方式，污染环境，农民环保意识薄弱。

③垃圾多露天随意堆放、填埋、焚烧，对环境造成二次污染。

④垃圾收运工作停留在表面，收集设施不全，全县还未形成成熟的垃圾收运体系，收集率不高。

（2）解决砀山县环境问题的思路

砀山县周边县市原有6家生物质电厂先后建成投产，这6家电厂规模相当，每年共需 160 万吨以上的生物质原料供给。同时在砀山、丰县、萧县有 3 家大型板材加工厂以杨树枝条等木材为原料进行生产，可以消耗约 50 万吨，尚有 50 万吨生物质燃料需要处理，生物质电厂市场空间仍然广阔。

砀山县生活垃圾收运体系已初步建立，但因没有妥善的处置方式，收运工作形同虚设。县政府为响应国家号召批建生活垃圾焚烧发电厂，但因收运体系不完善、垃圾量不足、处理费较低等始终没有实现。

鉴于以上情况，中国光大绿色环保有限公司（简称"光大绿色环保"）分析了砀山县的实际情况，认为砀山县生活垃圾问题得不到解决的根本原因是建设垃圾焚烧厂投资大、收益小、回本慢。而如能将生物质电厂和垃圾焚烧电厂合而为一统一规划、统一建设，即可避免投资大、收益小的情况出现，使项目在改善环境的同时实现盈利。

（二）城乡一体化项目建设基本原理

（1）项目厂房区域划分

①厂前区：办公楼、宿舍、食堂等。

②主厂房区：空压机房、仓库、生物质发电区、垃圾发电区、共用设施设备区。

其中，生物质发电区包括生物质锅炉房、渣间、脱硫装置、除尘器、生物质引风机，垃圾发电区包括卸料大厅、垃圾坑、垃圾焚烧锅炉及余热锅炉间、垃圾烟气净化间、垃圾引风机、渗滤液处理站，共用设施设备区包括门厅、控制室、配电间、电子间、汽机房和烟囱等。

③循环水设施区：综合水泵房、自然通风冷却塔等。

④燃料设施区：露天料场、干料棚、渗透液处理区、燃油泵房、汽车衡及控制室。

（2）布置思路原则

除生物质发电区和垃圾发电外，所有区域建筑和设备均由两个项目共同使用。

为确保最经济的布局，循环水设施区需尽量同时靠近主厂房区、厂前区和燃料设施区，以提供生活生产用水；厂前区要远离冷却塔和燃料设施区以确保办公和生活环境符合环保要求；生物质发电区要与燃料设施区靠近以确保输料系统有效运作；渗滤液处理站要靠近垃圾仓和卸料大厅；垃圾车进厂至卸料大厅路线应避免横穿料场。

图1为典型的项目规划布局。

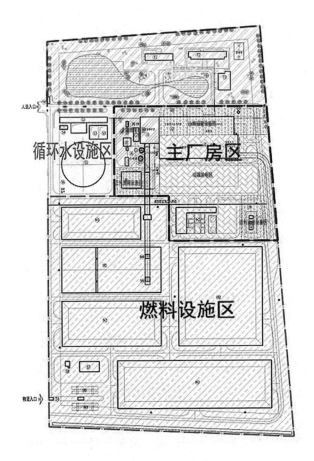

图1　项目规划布局

（三）管理模式

（1）投资管理模式

垃圾焚烧发电项目和生物质焚烧发电项目因性质不同，需分别与政府签署投资协议。生活垃圾焚烧发电项目属市政公用设施项目,需签署特许经营协议;生物质秸秆焚烧发电属政府招商引资的实业投资项目,只需签署投资协议。协议签署后可成立一家项目公司进行统一管理。两个项目的报批仍按各自项目要求进行。

(2)建设管理模式

从设计开始即按一个项目考虑,并进行整体设计,相关设备采购和建设过程均与一个项目无异。

(3)收储运管理模式

因生活垃圾属于市政公用设施,生物质燃料采购属于市场行为,两者的收运仍按各自要求运作,互不影响。

(4)运营管理模式

项目公司组织架构与一般垃圾电厂或生物质电厂基本相同,部门设置可同时满足垃圾焚烧和生物质焚烧发电的基本需求。

人员编制方面,综合部、财务部、采购部、安环部等部门的人数与一座电厂基本相同,可根据实际需要个别增加;技术部以满足项目技术支撑确定人数,运行人员仍按四班三倒执行,每班人数增加约20%即可。根据项目体量的大小,项目公司总人员编制可控制在100人以内。图2为项目公司组织架构。

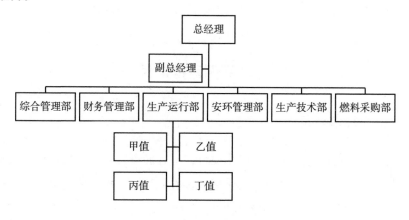

图2 项目公司组织架构

三　案例创新点及先进性分析

（一）案例创新点

目前国内的实业投资企业或投资生物质发电项目，或投资经济发达地区的垃圾发电项目，对农村和贫困地区的垃圾发电项目较少投资，究其原因还是这类项目投资大、收益小。光大绿色环保建设的城乡一体化项目有效地解决了上述问题，弥补了农村地区垃圾综合利用处理的空白。

（二）与同行业相比其先进性

在国内生活垃圾焚烧发电和生物质焚烧发电两大业务领域中，亦有企业在探索城乡一体化的投资模式，但大多刚刚起步，虽称之为一体化，但实际投资、建设和运营过程均是按照两个项目进行，基本没有公司能做到真正垃圾焚烧和生物质焚烧项目一体化建设运营。

截至 2018 年 11 月中旬，光大绿色环保投资的城乡一体化项目已近 20 个，总投资超 100 亿元。项目分布在安徽、湖北、江苏、福建、河南、甘肃等省份，其中已投运的 7 个项目均切实有效地解决了当地农村生活垃圾、生物质的污染及处置问题，获得了当地政府及农民的高度认可。

四　案例可推广性

（一）环境效益

在县一级农村地区建成一体化项目，一方面可以有效减少秸秆露天焚烧带来的大气污染，另一方面可以合理处置农村垃圾乱堆乱填乱烧的现象，使农村垃圾得到有效处置，改善农村生活环境。

除此以外，该模式还可根据当地环保需求，将病死畜禽、粪污等畜禽养殖废弃物无害化、资源化利用项目纳入一体化协同处置模式建设中，有效解决畜禽养殖废弃物处理难题。

（二）经济效益

建设方面，因两个项目合建后共用了大部分建筑和设备，可节省大量建设成本。以 400t/d（垃圾处理量）垃圾炉 + 130t/h（锅炉蒸发量）生物质炉为例，一体化建设相比分别建设可节省混凝土约 10000 立方米，节省钢筋约 1000 吨。设备采购方面，电气和水工艺等大部分设备均为共同使用，加之空压机、除氧器等一些辅助设备，也可节省设备采购和安装费用数千万元。

运营方面，因泵房、空压机等多个设备是共用设备，加之全场照明等，一体化项目的厂用电率较分别建设可节约 20% 左右。人力资源与分别运营相比，仅运行人员较单一电厂每班组增加三到四人，其余部门人员增加人数视各公司情况而定，总计可节省人力成本约 25%。

投资方面，土地购置费是一项重要的投资费用，生物质电厂的用地一般约 200 亩，单条线垃圾电厂的用地一般约 80 亩，如两个项目共同建设，可节约用地约 60 亩，以 10 万元/亩的土地费计算，一体化建设可节约土地投资约 600 万元。另外在投资建设和运营期间，由于可以节省上述费用，项目融资贷款的利息也可节省约 30%。

（三）社会效益

城乡一体化的建设模式不仅能有效解决县一级农村地区的垃圾污染问题，改善农村居住和生活环境，在建设过程中也可以大量减少钢筋混凝土的使用，缩小占地面积，助力节能减排。同时向广大农民普及秸秆焚烧的危害，普及生活垃圾的二次利用，可以为农村地区垃圾与秸秆协同处理综合利用提供新思路。以一个 400t/d（垃圾处理量）垃圾炉 + 130t/h（锅炉蒸发量）生物质炉的城乡一体化项目为例，如运行顺利，一年可创造产值 1.6 亿~1.8 亿元，相当可观。

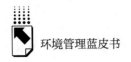

另外，在项目建设及运营过程中，借鉴光大杭州九峰、苏州吴江等项目的成功经验，全过程严格实行公开、透明原则，广泛接受社会监督，确立企业公信力，可赢得民众的支持和信任，破解"邻避效应"。

（四）行业前景分析

全国政协委员、中国光大集团董事长李晓鹏先生在全国政协会议上提出："城乡一体化垃圾焚烧发电模式既可以解决城乡生活垃圾问题和秸秆焚烧难题，又能促进农民增收，增加能源供应，具有示范推广价值，要加大政策支持和宣传推广力度，加快形成示范带动作用。"该提案获得李克强总理的高度认同。如从国家层面号召大力推广城乡一体化模式，保守估计全国的行业投资潜力在数千亿元。

目前中国仍是一个农业大国，农村人口比重大，随着农民经济水平的不断提升，农村地区的生活垃圾问题日渐突出，而目前只有城乡一体化项目能在解决农林秸秆焚烧的同时解决农村生活垃圾处置问题，我们坚信城乡一体化项目的处置模式是中国农村垃圾处置的最好方式。

附　企业简介

中国光大绿色环保有限公司的业务主要涵盖生物质综合利用、危废处置、光伏及风力发电、土壤修复等。

光大绿色环保坚持以业务创新引领发展，通过几年时间的艰苦努力，生物质能利用方式从单一的直燃发电方式拓展到热电联产等多种综合利用方式，危废处置方式从安全填埋拓展到物化、焚烧等多元化处置方式，处置门类齐全，30多个工业危废名目实现全覆盖。光大绿色环保开创了城乡垃圾和生物质统筹处理的一体化业务模式，是中国目前唯一一家采用该模式的公司。公司致力于通过集中处理农林废弃物与生活垃圾，变废为宝，与当地农民互利共赢，为解决"垃圾围城"和秸秆焚烧问题提供终端解决方案，促进经济发展，改善环境污染问题。

附　录

Appendix

B.24
中国环境管理大事记
（2017.9～2018.9）

2017 年 9 月 1 日　《建设项目危险废物环境影响评价指南》发布。

2017 年 9 月 12 日　国务院办公厅印发《第二次全国污染源普查方案》。

2017 年 9 月 13 日　环境保护部部署京津冀及周边地区 2017～2018 年秋冬季大气污染综合治理攻坚行动巡查工作。

2017 年 9 月 18 日　环境保护部公布第一批国家生态文明建设示范市县名单。

2017 年 9 月 25 日　《农用地土壤环境管理办法（试行）》公布。

2017 年 10 月 17 日　"绿盾 2017"国家级自然保护区监督检查专项行动巡查工作部署视频会议召开。

2017 年 10 月 19 日　《重点流域水污染防治规划（2016～2020 年)》印发。

2017 年 10 月 20 日　厦门市绿色物流城市启动仪式举行。

2017 年 11 月 15 日　《关于做好环境影响评价制度与排污许可制衔接相关工作的通知》发布。

2017 年 11 月 21 日　环境保护部召开京津冀及周边地区"散乱污"企业整治暨秋冬季大气污染综合治理攻坚阶段总结现场会。

2017 年 11 月 25 日　《重点排污单位名录管理规定（试行）》发布。

2017 年 12 月 2 日至 3 日　中国生态文明论坛年会在广东省惠州市举办。

2017 年 12 月 7 日　《重点行业企业用地调查质量保证与质量控制技术规定（试行）》发布。

2017 年 12 月 15 日至 20 日　针对部分地区供暖不足、天然气供应短缺等问题，环境保护部抽调 2000 多人组成 839 个组，赴京津冀及周边"2＋26"城市开展调研和督查活动。

2017 年 12 月 25 日　审议并原则通过《"生态保护红线、环境质量底线、资源利用上线和环境准入负面清单"编制技术指南（试行）》。

2017 年 12 月 28 日　《优先控制化学品名录（第一批）》公布。

2018 年 1 月 8 日　《国家先进污染防治技术目录（固体废物处理处置领域）》（2017 年）和《国家先进污染防治技术目录（环境噪声与振动控制领域）》（2017 年）发布。

2018 年 1 月 10 日　《排污许可管理办法（试行）》发布。

2018 年 1 月 12 日　《饮料酒制造业污染防治技术政策》《船舶水污染防治技术政策》发布。

2018 年 1 月 24 日　《关于生产和使用消耗臭氧层物质建设项目管理有关工作的通知》发布。

2018 年 1 月 25 日　《国家环境保护环境与健康工作办法（试行）》发布。

2018 年 2 月 2 日　环境保护部召开"打赢蓝天保卫战"工作座谈会。

2018 年 2 月 6 日　《企业突发环境事件风险分级方法》发布。

2018 年 2 月 8 日　《排污许可证申请与核发技术规范总则》发布。

2018 年 3 月 6 日　《关于联合开展"绿盾 2018"自然保护区监督检查

专项行动的通知》发布。

2018 年 3 月 12 日　《全国集中式饮用水水源地环境保护专项行动方案》发布。

2018 年 3 月 22 日　生态环境部召开干部大会，宣布中共中央关于组建生态环境部和领导班子任命的决定，李干杰同志任生态环境部部长、党组书记。

2018 年 3 月 26 日　生态环境部部长李干杰主持召开部常务会议，审议并原则通过《关于全面落实〈禁止洋垃圾入境推进固体废物进口管理制度改革实施方案〉2018~2020 年行动方案》《进口固体废物加工利用企业环境违法问题专项督查行动方案（2018 年）》《垃圾焚烧发电行业达标排放专项整治行动方案》。

2018 年 4 月 9 日　生态环境部部长李干杰主持召开部常务会议，审议并原则通过《关于 2018 年聚焦长江经济带坚决遏制固体废物非法转移和倾倒专项行动方案》。

2018 年 4 月 16 日　生态环境部举行挂牌仪式。

2018 年 4 月 17 日　《关于进一步加强地方环境空气质量自动监测网城市站运维监督管理工作的通知》发布。

2018 年 4 月 25 日　第二次全国污染源普查工作现场会暨电视电话会在浙江省温州市举行。

2018 年 5 月 2 日　《关于废止有关排污收费规章和规范性文件的决定》发布。

2018 年 5 月 3 日　《工矿用地土壤环境管理办法（试行）》公布。

2018 年 5 月 8 日　生态环境部召开长江经济带战略环评"三线一单"编制工作座谈会。

2018 年 5 月 10 日　《关于坚决遏制固体废物非法转移和倾倒进一步加强危险废物全过程监管的通知》发布。

2018 年 5 月 17 日　《中国生物多样性红色名录——大型真菌卷》发布。

2018 年 5 月 30 日　第一批中央环境保护督察"回头看"启动。

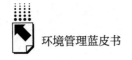

2018 年 5 月 31 日　《2017 中国生态环境状况公报》发布,《关于加强生态环境监测机构监督管理工作的通知》发布。

2018 年 6 月 2 日　长三角区域大气污染防治协作小组第六次工作会议暨长三角区域水污染防治协作小组第三次工作会议在上海召开。

2018 年 6 月 5 日　《公民生态环境行为规范(试行)》发布。

2018 年 6 月 8 日　2018~2019 年打赢蓝天保卫战重点区域强化督查启动视频会召开。

2018 年 6 月 16 日　《关于全面加强生态环境保护坚决打好污染防治攻坚战的意见》发布。

2018 年 6 月 27 日　国务院印发《打赢蓝天保卫战三年行动计划》。

2018 年 7 月 2 日　生态环境部批准《排污许可证申请与核发技术规范　农副食品加工工业——淀粉工业》《排污许可证申请与核发技术规范　农副食品加工工业——屠宰及肉类加工工业》为国家环境保护标准。

2018 年 7 月 10 日　《全国人民代表大会常务委员会关于全面加强生态环境保护　依法推动打好污染防治攻坚战的决议》表决通过。

2018 年 7 月 16 日　《环境影响评价公众参与办法》发布。

2018 年 7 月 20 日　生态环境部常务会议审议并原则通过《柴油货车污染治理攻坚战行动计划》《长江保护修复攻坚战行动计划》《城市空气质量排名方案》。

2018 年 7 月 23 日　生态环境部常务会议审议并原则通过《农业农村污染治理攻坚战行动计划》《渤海综合治理攻坚战行动计划》。

2018 年 8 月 2 日　《生态环境部贯彻落实〈全国人民代表大会常务委员会关于全面加强生态环境保护　依法推动打好污染防治攻坚战的决议〉实施方案》发布。

2018 年 8 月 14 日　《关于开展省级 2018 年城市黑臭水体整治环境保护专项行动的通知》发布。

2018 年 8 月 21 日　《非道路移动机械污染防治技术政策》发布。

2018 年 8 月 24 日　第二次全国污染源普查工作推进视频会议在北京

召开。

《重点行业企业用地调查信息采集工作手册（试行）》发布。

2018 年 8 月 30 日 《关于生态环境领域进一步深化"放管服"改革，推动经济高质量发展的指导意见》发布。

2018 年 9 月 13 日 《关于进一步强化生态环境保护监管执法的意见》发布。

2018 年 9 月 21 日 《京津冀及周边地区 2018～2019 年秋冬季大气污染综合治理攻坚行动方案》发布。

Abstract

The annual report on Development of Environmental Management in China 2018, is compiled by Environmental Management Professional Committee, Society of Management Science of China, which chooses topics on the actual need of ecological civilization construction in China. In the context of strengthening the ecological environment protection and fighting the battle against pollution, this book is based on China's environmental management issued and practices, aiming to share advanced environmental management concepts and experiences, and to provide examples for Chinese enterprises to carry out environmental management.

The whole book consists of six parts: General Report, Pollution Control, Recycling, Industrial Chain Management, Innovative Exploration and Trend Topic.

The first part (General Report) reviews the situation of China's environmental management policy in 2017 – 2018, with a focus on the policy background and market prospects of China's economic environment, social environment, technological environment and others, in which enterprises carry out environmental protection practices.

The second part (Pollution Control) focuses on soil pollution control, scrapped vehicles recycling, chromium salt chromium slag recycling, construction waste and red mud waste residue environmentally sound treatment technology and etc., analyzes the problems and countermeasures in the environmental management process in accordance with practical disposal cases.

The third part (Recycling) starts from the application practice of recycling technology of waste, especially hazardous waste, studies the research progress of recycling technology in China, and explores the new way of comprehensive utilization of resources in China.

The forth part (Industrial Chain Management) explores the construction of the overall system of China's environmental management industry by interpreting the hazardous waste industry chain, resource recycling industry chain, waste electrical and electronic products industry chain management concepts and methods.

The fifth part (Innovative Exploration) focuses on the innovation of waste treatment technology and the service transformation of environmental protection equipment manufacturing industry, explores the new business model of waste disposal in China.

The sixth part (Trend Topics) focuses on the" Two Mountain Theory", two network integration, smart environmental protection, benefit sharing, urban garbage classification and other current hot topics, and explore new trends in environmental management in China.

Contents

I General Report

Abstract: In recent years, China has actively promoted the protection of the ecological environment, and put forward a resolute fight against pollution. It also creates a good economic environment for the development of environmental protection industry from the aspects of public finance, taxation and green finance. Under the relevant situation, China's environmental protection industry market has maintained a high-speed development, and has made breakthroughs in the areas of technological innovation, third-party governance, public-private partnership, renewable resources/municipal solid waste collection mode innovation.

Keywords: Environmental Management; Policy Situation; Industry; Innovation

II Pollution Control

Abstract: End-of Life Vehicles (ELV) have become a kind of waste with rapid growth in China, which has high value of resource utilization. However, there are many environmental problems in the process of recycling and disassembly of ELV. If they are not properly handled, there will be environmental risks. The data of ELV over the years in China was analyzed, which showed that recovery rate and utilization rate of ELV by standardized processing are lower than developed countries. By analyzing the typical disassembly process of ELV disassembly enterprises, the environmental problems and risks that may arise in the process are pointed out. In addition, the possible problems in dismantling facilities, personnel and management of dismantling enterprises were also studied. As a result, corresponding technical measures and management suggestions were put forward to deal with these environmental problems and risks above.

Keywords: End-of Life Vehicle; Recycling; Dismantling; Environmental Risk

B. 3　Environmental Management Analysis of the Whole Process of Harmless Treatment of Chromium Slag

Qi Shuilian, Li Shunling / 032

Abstract: Chromium slag is the waste residue discharged in the production of chromium salt, which belongs to dangerous solid waste. Based on the research object of a historical chromium residue harmless treatment project in Zhengzhou, Henan province, this paper analyzes and studies the main technology and management mode used to solve the chromium pollution problem and summarizes the advanced engineering experience from the background of the case and the environmental problems to be solved. The two stages of chromium slag wet detoxification process has the advantages of low processing cost, detoxification thoroughly, easy to mass production, realizing the zero discharge of waste water and waste gas etc. , and introduced the environmental supervision, to strengthen environmental supervision, the project quality, progress, safety, pollution prevention and control measures to carry out the good results are obtained,

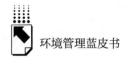
environmental benefit and social benefit is remarkable, also for the whole process of solid waste management projects in the future environmental management to provide practical basis.

Keywords: Chromium Slag; Wet Detoxification Technique; Environmental Supervision; Environmental Management

B. 4   Kunming Construction Waste Management Experience and Demonstration Project Implementation   *Li Ruyan* / 043

Abstract: With the rapid development of economy and the acceleration of urbanization, the output of construction waste is constantly increasing, resulting in great environmental pollution and waste of resources, and its reclamation management is extremely urgent. According to its own urban features, Kunming set up "normative" and "transitional" two kinds of construction waste disposal sites by scientific planning and rational layout. The construction wastes, such as waste concrete, waste brick and waste sand ash, are utilized by fixed and mobile equipment in the "normative" construction waste disposal sites; while the spoil and sludge yielded in construction projects are disposed by backfill, reclamation and afforestation in the "transitional" sites. Practice indicates these demonstration projects have solved the problem of construction waste in the city and the Kunming experience is of realistic significance.

Keywords: Construction Waste; Reclamation Management; Normative; Transitional; Demonstration Projects

B. 5   Treatment and Comprehensive Utilization of Red Mud
Yu Chunlin, Li Bo / 055

Abstract: Through the introduction of red mud and its comprehensive utilization technology, this paper expounds the problems of red mud comprehensive utilization technology, such as high cost, complex process, poor economic benefit, small disposal amount and not in direct proportion to its discharge. According to the problems existing in red mud disposal, a process route with high comprehensive value is analyzed and elaborated. Red mud is utilized as a resource, and the considerable economic benefits and breakthroughs in productivity of this project are highlighted.

Keywords: Red Mud; Resource-based; Comprehensive Utilization; Value

III Recycling

Abstract: This paper analyzes and summarizes Shenzhen Center Power Tech. Co. , Ltd, and its subsidiary Shenzhen Yunxiong Energy Management Co. , Ltd, in order to cope with the environmental pollution caused by the retired power batteries of vehicle and achieve the purpose of retired power battery recycling, a series of explorations have been carried out in the aspects of retired power battery echelon utilization technology and commercialization mode, hoping to provide a useful reference for future research of power battery echelon utilization.

Keywords: Power Battery; Echelon Utilization; Recycling

Abstract: In view of the existing problems in the reuse of waste denitration

catalysts（SCR catalysts）, we developed a new model of total element recycling and realized industrial application. The separated titanium slag can be used as raw material of titanium dioxide production process to prepare active catalysis. High purity vanadyl sulfate solution prepared by vanadium ion is used as electrolyte of all-vanadium liquid flow battery. Precipitated tungsten can be used as tungsten concentrate into the industrial chain. The titanium, vanadium and tungsten, the majority of waste SCR catalyst, are recycled by this technology, and the pollution source of heavy metal is eliminated. This model not only recycles precious resources, but also realizes the comprehensive disposal of waste catalyst, and eliminates serious environmental problems and safety hazards, which has highlighted environmental and economic benefits.

Keywords: Waste Catalyst; Hazardous Solid Waste; Titanium Dioxide; All-vanadium Liquid Flow Battery; Cyclic Utilization

B. 8　Comprehensive Utilization of Resources

—The Exploration of the Way out for Hazardous Waste

He Hong / 092

Abstract: Chengdu Yuanyong Technology Development Co. , Ltd. has been committed to the recycling and utilization of hazardous waste for long time. After years of exploration, the company has put forward its own company's development philosophy, which is based on the characteristics of domestic hazardous waste generation and the challenges faced by the hazardous waste industry. Finally, it has explored a road of hazardous waste resource-based with technology research and development as the center, source understanding and usable material recovery and customer guidance as the focus, which has guided the company to the road of sustainable development of hazardous waste. By recovering the available ingredients, hazardous waste was avoided to enter the environment and cause secondary pollution.

Keywords: Hazardous Waste Comprehensive Utilization of Resources; Sustainable Development; Secondary Pollution

Ⅳ Industrial Chain Management

Abstract: In view of the hazard of hazardous waste and the current situation and problems of disposal and utilization in China, Xinzhongtian environmental protection Co., Ltd. actively improves its research and development innovation ability, operation management ability, engineering construction ability and environmental support service ability. Xinzhongtian has built a complete hazardous waste disposal and resource recovery industrial chain, from hazardous waste disposal and utilization equipment, engineering construction to the investment operation management, from basic research and application of technology to the production process improvement, from hazardous waste incineration disposal to comprehensive recycling utilization, from consulting and hosting service to the total solution and environmental management. We are committed to the safe disposal and utilization of hazardous waste, effectively achieving the reduction of pollution from hazardous waste and secondary pollution from hazardous waste disposal, and actively providing environmental support services such as national laws and regulations/ standards construction, emergency disposal and training. Xinzhongtian and its partners are committed to solving the contradiction between China's economic development and environmental pollution in a timely manner and realizing sustainable development with significant environmental, economic and social benefits.

Keywords: Hazardous Waste; Disposal and Utilization; Sustainable Development; Whole Industrial Chain; Xinzhongtian

B. 10   The Recycling Practice of Suzhou Renewable Resources

           Investment and Development Co. , Ltd.   *ELaine Wang* / 118

Abstract: With the development of economy and the improvement of living standards, the problem of "Besieged by Waste" has become more and more urgent. The rate of the resources' recycling and the technology of reuse is still need to be improved compared with the developed countries'. From the perspective of promoting Suzhou's renewable resources work, this article expounds the systematic layout and operation of renewable resources from recycling, sorting, logistics to processing, trading and other processes, and the characteristics of the system. At the same time, it also analyzes the technology application of "Internet +" based on the three level recycling network system.

Keywords: Renewable Resources; Recycling; "Internet +"

B. 11   Industry Chain Management of Waste Electrical and

           Electronic Products in Xinjinqiao   *Yang Yichen, Li Yingshun* / 125

Abstract: This paper analyzes and summarizes the innovation and advancement of the recycling system and disposal resources of the waste electrical and electronic products of Xinjinqiao Environmental Protection Co. , Ltd. , and introduces the exploration of the new Jinqiao Environmental Protection Company in the green supply chain and circular economy.

Keywords: Waste Electrical and Electronic Products; Recycling System; Disposal; Resource

Abstract: Due to the late start of China's e-waste recycling industry policy, low technology level and backward management mode, there is a lack of perfect recycling network system for e-waste environmental management, lack of efficient information management mode, lack of efficient resource recycling technology and environmental risk control systems. GEM used the PDCA cycle theory to develop an efficient environmental management system for the entire process of e-waste recycling. GEM established an online and offline network recycling model and an information management system for e-waste, and developed advanced e-waste recycling and environment protecting technology equipment. GEM continuously improved the level of e-waste recycling technology and environmental protection treatment, and explored advanced management experiences adapted to China's e-waste recycling management.

Keywords: GEM; E-waste; Efficient Recycling; Environmental Management; Information Technology

V   Innovative Exploration

Abstract: From the 1990s, the cement kilns were utilized for the co-processing wastes in China and formed a traditional business model in the development process. Despite the considerable input of manpower, material and financial resources from cement plants, the traditional model still faces many difficulties such as high cost and low efficiency, which is attributed to the cross-

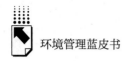
industry management and operation. Herein, the new business model was formed through the combination of "pretreatment center" and "terminal disposal with cement plant" after many years. The waste pretreatment center is constructed and operated through the professional environmental protection company and the single center will face the surrounding multiple cement plants. The pretreatment products from pretreatment center are transferred to the cement plant for the terminal disposal. Practice has proved that this model contributes the rapid transformation and development of cement plants, which shows remarkable economic, social and environmental benefits.

Keywords: Cement Kilns; Co-processing; Pretreatment Center; Terminal Disposal

B. 14 The Service Transformation of Environmental Protection Equipment Manufacturing Industry in the New Era

Yang Shiqiao / 160

Abstract: Servitization of environmental protection equipment manufacturing industry starts with the connotation transformation and the fusion of producer services. The former focuses on the market and customer demand. Taking Everbright´s own development as an example, Everbright International has independently developed the multistage hydraulic mechanical type waste-to-energy combustion system according to the characteristics of high moisture, high ash content and low heat value of domestic solid waste, and the company provides multiple choices like non-standardized customized service for products to suit individual needs. To meet the continuous refined market demand of waste incineration industry, research and development of complete system products such as flue gas purification and leachate treatment are actively expanded, and we achieve mature technological achievements. Besides, with construction and operation mode of power plant and the national policy orientation fully studied, the company provides diversified service modes covering technical consultation, project construction, commissioned operation, EPC integration and after-sales service. At the same time, the company makes use of outsourcing service resources and promotes the combination of "Internet +" and modern manufacturing industry to construct an automated workshop and an information management system for internal and external supply chain, so as to optimize the production process and supply chain management. Next step is to cooperate with external mature warehousing logistics platform to effectively control the cost of logistics transportation management.

Keywords: Servitization; CPS Customer Involvement; Producer Services; Information-based Manufacturing Management

B. 15 Practice and Reflections on the Pilot Project of Hazardous Waste Collection and Storage in Chongqing

Yang Shuiwen, Cai Hongying, Wang Juan and Yang Peiwen / 169

Abstract: The experience and results of the pilot work were summarized, while the the main problems in the pilot project have been pointed out, through the assessment of hazardous waste collection and storage in pilot project of Chongqing. In view of the environmental management and actual demands in Chongqing, the collection and storage countermeasures of the hazardous waste were put forward, based on the managing pilot projects environmental permitting and permissions; clarifying the role of pilot units; improving and standardizing the hazardous waste charge system, and the concentrated collection system. Objective to provide reference for the centralized collection and storage of hazardous waste in Chongqing and other areas.

Keywords: Hazardous Waste; Collect; Store

B. 16   Innovative Technology of Waste Refrigerator Harmless

Auto-recycling

Han Yubin, Cheng Zhiqiang, Li Qianqian and Zhou Linqiang / 178

Abstract: China has come into a stage of accelerated industrialization and urbanization, and is facing severe resource and environmental situation. At the Nineteenth Congress of the CPC, General Secretary Xi Jinping made a new judgment: in the new era of socialism with Chinese characteristics, the main contradictions in our society have been transformed into the contradiction between the growing needs of the people for better life and the unbalanced and inadequate development. In order to meet the people's increasingly high requirements for the ecological environment, it is necessary to gradually change the economic structure, from extensive economy to "circular economy". First and for most, the fundamental guarantee for increasing recycling utilization of renewable resources and developing recycling economy to solve the increasingly serious environmental problems in China is clean production. On the other hand, by Eliminating disqualified production capacity, continuously promoting supply-side reform, taking market demand as the guide, and forcing the quality of market supply, The economic system of green production and green consumption in a low-carbon cycle can be developed.

Keywords: Recycling of Renewable Resources; Recycling Economy; Cleaner Production; Supply Side Reform; Auto Recycling of Waste Refrigerators

B. 17   Hazardous Waste Treatment Practice of Orient Landscape

Zhao Ruijiang, Yu Chunlin / 188

Abstract: With the development of economy and technology, industrial hazardous waste, as the main source of hazardous waste, had serious harm to ecological environment and human health, also restricted the sustainable development of society. In view of the development status of industrial hazardous waste in recent years, the production of hazardous waste in China was increasing rapidly. However, the serious shortage of disposal and capacity caused the imbalance between supply and demand. Orient Landscape (OL), as a leading enterprise in the garden industry, had introduced 12 advanced core technologies at home and abroad in the spirit of keeping pace with the times, and responded positively to the national call with its rich experience in environmental governance. Therefore, OL have made extensive arrangements in hazardous waste areas, and made a strong presence in Jiang Su, which was a major province that produces more waste. In two years, we have acquired three subsidiaries in Jiang Su and disposed hundreds of thousands of tons of hazardous waste, generated profits of nearly hundreds of millions RMB. In addition, OL paid attention to the interests of the whole and planned to have a total investment of 10 billion RMB by 2021. With the disposal capabilities of 10 million tons per year, the plan would cover 31 of the country's 34 provinces in China. At the same time, the company, which focused on the future, would insist on technology innovation oriented by market and project for a long time and actively explore a broader market space.

Keywords: Industrial Hazardous Waste; Disposal Technology of Hazardous Waste; Layout of Hazardous Waste in Jiang Su; Orient Landscape

Ⅵ   Trend Topics

B. 18   Implementing the New Development Idea and Promoting the Green Development of Ecological Priority: Practice and Innovation of the "Two Mountains" Theory in Sihong County

Development and Reform Bureau of Sihong County,

Commerce Bureau of Sihong County, Reform Office,

Party Committee of Sihong County / 199

Abstract: Under the background of putting forward the "two mountains

theory" and promoting the construction of ecological civilization in China, Sihong County actively carries out the practice and innovation of promoting the green development which prioritize ecological development. It proactively conducted ecological protection work, explored the connotation of "eco-economy enriching the people", and promoted the reform of eco-economic system and mechanism, thus cleared up a clearer orientation of eco-economic development, and initially identified the appropriate path of eco-economic development.

Keywords: Ecological Economy; Institutional Reform; Ecological Protection

B. 19   Implementation Scheme of Green Recycling Project of Integration of Recycling Resources and Domestic Waste Collection and Transportation System   *Wang Xiaodong* / 206

Abstract: In recent years, China has actively promoted the integration of recycling resources and domestic waste collection and transportation system. Under the relevant situation, Shanghai Xingdong Environmental Protection Technology Co., Ltd. has carried out innovative practice of the integration of the two networks. The overall experience includes receiving support from local government, the establishment of a complete collection system, the construction of supporting facilities for transit station, and providing third-party services for the streets. Based on practice, it is pointed out that at present, there are many problems, such as high operating cost for low value-added waste disposal, and limited coordination from property companies in residential areas.

Keywords: Integration of Recycling Resources and Domestic Waste Collection and Transportation System; Waste Classification; Classified Disposal; Renewable Resources

B. 20   Exploration of New Third-party Governance Mode for

Industrial Solid Waste Based on Benefit Sharing

Ma Liyang , Wang Shuang / 217

Abstract: Under the policy background of accelerating the third-party governance of environmental pollution, this paper reviews the formation and development of the legal system for the prevention and control of industrial solid waste pollution and the policy system for the third-party governance in China, and expounds the new theory of the third-party treatment of industrial solid waste based on benefit sharing. By combining the current situation and problems, this paper shares the experience and exploration of Green Novo Environmental Technology Co. , Ltd serving the iron and steel enterprises to share the benefits of the third-party treatment of iron and steel dust, and hopes to provide a feasible reference for the improvement and development of China's industrial solid waste treatment or third-party governance.

Keywords: Benefit   Sharing;   Industrial   Solid   Waste;   Third-party Governance; Environmental Management

B. 21   The Exploration of Intelligent Environmental Protection

Service Mode in Environmental Management   *An Yi* / 229

Abstract: In the practice of the environmental management, China Energy Conservation and Environmental Protection Group has explored the "intelligent environmental service mode" as a solution to the contradiction between human well-being and the pursuit of economic and social development through the construction of "integration of the sky to the sea" of the ecological environment comprehensive control system platform, which comprise of comprehensive display, supervision management and auxiliary decision-making, government service functions as a whole. The system aims at building an environmental monitoring

network cockpit, precision pollution controlling, realizing the green GDP.

Keywords: Environmental Management; Intelligent Environment; CECEP

B. 22 An Integrated Plan for Sorting, Reduction, and Management of Municipal Solid Waste: Case Study of Xicun Subdistrict in Guangzhou City

Du Huanzheng, Wang Tao and Zhang Weiwei / 240

Abstract: Chinese government has devoted great efforts on urban environmental management and sought systems solutions for reduction, detoxicification, and recycling of municipal solid waste (MSW). Nonetheless, MSW remains a noted challenge, in particular for megacities like Guangzhou. An integrated MSW management plan was created by the Circular Economy Research Institute of Tongji University and Guangzhou Fenleide Environment Co. Ltd., with the support from the municipal and district governments in Guangzhou. This plan establishes waste sorting promotion centers (WSPC) at the subdistrict and community level, which are fiscally subsidized by the local government and operated by Fenleide. A digital waste map and information management system have also been developed. Eventually, a new MSW management mode of " government-leading, business-committing, WSPC-promoting, and public-participating" have been formed and proceeding for over five years. This innovative mode is believed to be effective in a long term. It will be helpful to handle MSW challenges, recover scrap resources from cities, and enhance urban ecological civilization.

Keywords: Municipal Solid Waste Management; Subdistrict Waste Sorting Promotion Center; Digital Waste Map; Long-term Effective Mechanism.

B. 23　Introduce of the Urban-rural Integration Mode

Wang Yungang, Wang Mingbo, Xu Jiyun and Nan Jian / 250

Abstract: In these years, the decline in demand and the high disposal cost of crop straw and the weak public awareness of scientific disposal straw cause large-scale straw incineration sometimes. There are many problems for straw incineration, such as destruction of soil structure, air pollution, causing fire, in addition, it is inconvenient for people even threatens the safety and security of people. On the other hand, municipal waste in rural areas has not been disposed properly. Littering, on-site burying and burning are widespread. Small and medium-sized governments try their best to address these issues mainly faced with two problems: one is that the crop straw is widely scattered causing difficult centralize incineration; the lack of practical measures resulting in difficult prohibition of straw burning; the other is that the waste production is too small, about 300 −400 tons a day, to meet the construction requirements of scaled waste incineration power plant.

Based on these above, a project mode of urban-rural integration is created by China Everbright Greentech Limited, of which the urban and rural municipal waste disposal project and the biomass of agricultural and forestry waste disposal project are unified planning, construction and operation to solve the two problems and achieve the propose of land saving and intensive use, management collaboration and sharing facilities, as well as improving environmental, economic and social benefits. The mode is significantly helpful to address rural environment challenges and plays an important role of getting rid of poverty and becoming better.

Keywords: Rural; Domestic Waste; Urban-rural Integration

Ⅶ　Appendix

社会科学文献出版社

皮书系列

❈ 皮书起源 ❈

"皮书"起源于十七、十八世纪的英国,主要指官方或社会组织正式发表的重要文件或报告,多以"白皮书"命名。在中国,"皮书"这一概念被社会广泛接受,并被成功运作、发展成为一种全新的出版形态,则源于中国社会科学院社会科学文献出版社。

❈ 皮书定义 ❈

皮书是对中国与世界发展状况和热点问题进行年度监测,以专业的角度、专家的视野和实证研究方法,针对某一领域或区域现状与发展态势展开分析和预测,具备原创性、实证性、专业性、连续性、前沿性、时效性等特点的公开出版物,由一系列权威研究报告组成。

❈ 皮书作者 ❈

皮书系列的作者以中国社会科学院、著名高校、地方社会科学院的研究人员为主,多为国内一流研究机构的权威专家学者,他们的看法和观点代表了学界对中国与世界的现实和未来最高水平的解读与分析。

❈ 皮书荣誉 ❈

皮书系列已成为社会科学文献出版社的著名图书品牌和中国社会科学院的知名学术品牌。2016年,皮书系列正式列入"十三五"国家重点出版规划项目;2013~2018年,重点皮书列入中国社会科学院承担的国家哲学社会科学创新工程项目;2018年,59种院外皮书使用"中国社会科学院创新工程学术出版项目"标识。

中国皮书网

（网址：www.pishu.cn）

发布皮书研创资讯，传播皮书精彩内容
引领皮书出版潮流，打造皮书服务平台

栏目设置

关于皮书：何谓皮书、皮书分类、皮书大事记、皮书荣誉、

皮书出版第一人、皮书编辑部

最新资讯：通知公告、新闻动态、媒体聚焦、网站专题、视频直播、下载专区

皮书研创：皮书规范、皮书选题、皮书出版、皮书研究、研创团队

皮书评奖评价：指标体系、皮书评价、皮书评奖

互动专区：皮书说、社科数托邦、皮书微博、留言板

所获荣誉

2008 年、2011 年，中国皮书网均在全国新闻出版业网站荣誉评选中获得"最具商业价值网站"称号；

2012 年，获得"出版业网站百强"称号。

网库合一

2014 年，中国皮书网与皮书数据库端口合一，实现资源共享。

权威报告·一手数据·特色资源

皮书数据库
ANNUAL REPORT(YEARBOOK)
DATABASE

当代中国经济与社会发展高端智库平台

所获荣誉

- 2016年，入选"'十三五'国家重点电子出版物出版规划骨干工程"
- 2015年，荣获"搜索中国正能量 点赞2015""创新中国科技创新奖"
- 2013年，荣获"中国出版政府奖·网络出版物奖"提名奖
- 连续多年荣获中国数字出版博览会"数字出版·优秀品牌"奖

成为会员

通过网址www.pishu.com.cn访问皮书数据库网站或下载皮书数据库APP，进行手机号码验证或邮箱验证即可成为皮书数据库会员。

会员福利

- 使用手机号码首次注册的会员，账号自动充值100元体验金，可直接购买和查看数据库内容（仅限PC端）。
- 已注册用户购书后可免费获赠100元皮书数据库充值卡。刮开充值卡涂层获取充值密码，登录并进入"会员中心"—"在线充值"—"充值卡充值"，充值成功后即可购买和查看数据库内容（仅限PC端）。
- 会员福利最终解释权归社会科学文献出版社所有。

社会科学文献出版社 皮书系列
SOCIAL SCIENCES ACADEMIC PRESS (CHINA)

卡号：497915666685
密码：

数据库服务热线：400-008-6695
数据库服务QQ：2475522410
数据库服务邮箱：database@ssap.cn
图书销售热线：010-59367070/7028
图书服务QQ：1265056568
图书服务邮箱：duzhe@ssap.cn

S 基本子库
SUB DATABASE

中国社会发展数据库（下设 12 个子库）

全面整合国内外中国社会发展研究成果，汇聚独家统计数据、深度分析报告，涉及社会、人口、政治、教育、法律等 12 个领域，为了解中国社会发展动态、跟踪社会核心热点、分析社会发展趋势提供一站式资源搜索和数据分析与挖掘服务。

中国经济发展数据库（下设 12 个子库）

基于"皮书系列"中涉及中国经济发展的研究资料构建，内容涵盖宏观经济、农业经济、工业经济、产业经济等 12 个重点经济领域，为实时掌控经济运行态势、把握经济发展规律、洞察经济形势、进行经济决策提供参考和依据。

中国行业发展数据库（下设 17 个子库）

以中国国民经济行业分类为依据，覆盖金融业、旅游、医疗卫生、交通运输、能源矿产等 100 多个行业，跟踪分析国民经济相关行业市场运行状况和政策导向，汇集行业发展前沿资讯，为投资、从业及各种经济决策提供理论基础和实践指导。

中国区域发展数据库（下设 6 个子库）

对中国特定区域内的经济、社会、文化等领域现状与发展情况进行深度分析和预测，研究层级至县及县以下行政区，涉及地区、区域经济体、城市、农村等不同维度。为地方经济社会宏观态势研究、发展经验研究、案例分析提供数据服务。

中国文化传媒数据库（下设 18 个子库）

汇聚文化传媒领域专家观点、热点资讯，梳理国内外中国文化发展相关学术研究成果、一手统计数据，涵盖文化产业、新闻传播、电影娱乐、文学艺术、群众文化等 18 个重点研究领域。为文化传媒研究提供相关数据、研究报告和综合分析服务。

世界经济与国际关系数据库（下设 6 个子库）

立足"皮书系列"世界经济、国际关系相关学术资源，整合世界经济、国际政治、世界文化与科技、全球性问题、国际组织与国际法、区域研究 6 大领域研究成果，为世界经济与国际关系研究提供全方位数据分析，为决策和形势研判提供参考。

法律声明

"皮书系列"（含蓝皮书、绿皮书、黄皮书）之品牌由社会科学文献出版社最早使用并持续至今，现已被中国图书市场所熟知。"皮书系列"的相关商标已在中华人民共和国国家工商行政管理总局商标局注册，如LOGO（▨）、皮书、Pishu、经济蓝皮书、社会蓝皮书等。"皮书系列"图书的注册商标专用权及封面设计、版式设计的著作权均为社会科学文献出版社所有。未经社会科学文献出版社书面授权许可，任何使用与"皮书系列"图书注册商标、封面设计、版式设计相同或者近似的文字、图形或其组合的行为均系侵权行为。

经作者授权，本书的专有出版权及信息网络传播权等为社会科学文献出版社享有。未经社会科学文献出版社书面授权许可，任何就本书内容的复制、发行或以数字形式进行网络传播的行为均系侵权行为。

社会科学文献出版社将通过法律途径追究上述侵权行为的法律责任，维护自身合法权益。

欢迎社会各界人士对侵犯社会科学文献出版社上述权利的侵权行为进行举报。电话：010-59367121，电子邮箱：fawubu@ssap.cn。

社会科学文献出版社